精密枪钻深孔加工质量提升技术

李耀明　等著

北京航空航天大学出版社

内 容 简 介

本书主要介绍枪钻深孔加工质量（直线度、圆度、表面）的提升技术，内容包括：基于微元理论的枪钻钻削力学特性研究，枪钻加工圆度误差的形成规律、预测与优化控制，深孔直线度偏斜机理及孔壁形貌检测，枪钻加工孔表面特性试验，基于三导向条结构的枪钻深孔加工圆度优化，基于磁流变液减振器的孔直线度偏斜抑制，以及电机轴与配套齿轮副微销孔配打技术实例等。

本书可作为机械制造相关专业的高校师生和工程技术人员的参考书，对指导科研和生产有一定的参考价值。

图书在版编目(CIP)数据

精密枪钻深孔加工质量提升技术 / 李耀明等著. --
北京 ：北京航空航天大学出版社，2022.3
　ISBN 978 - 7 - 5124 - 3752 - 4

　Ⅰ. ①精… Ⅱ. ①李… Ⅲ. ①深孔钻削 Ⅳ.
①TG52

中国版本图书馆 CIP 数据核字(2022)第 045497 号

版权所有，侵权必究。

精密枪钻深孔加工质量提升技术
李耀明　等著
策划编辑　龚　雪　责任编辑　冯　颖
*
北京航空航天大学出版社出版发行
北京市海淀区学院路 37 号(邮编 100191)　http://www.buaapress.com.cn
发行部电话:(010)82317024　传真:(010)82328026
读者信箱: goodtextbook@126.com　邮购电话:(010)82316936
北京富资园科技发展有限公司印装　各地书店经销
*
开本:710×1 000　1/16　印张:13.75　字数:293 千字
2022 年 4 月第 1 版　2023 年 2 月第 2 次印刷
ISBN 978 - 7 - 5124 - 3752 - 4　定价:59.00 元

若本书有倒页、脱页、缺页等印装质量问题，请与本社发行部联系调换。联系电话:(010)82317024

前　　言

随着国防军事装备、航空航天器件、汽车、微机电系统元件及民用产品应用的多样化、小型化及微型化发展，精密高效小深孔加工技术成为影响产品更新换代和新兴产业发展的基础，同时也是目前机械制造领域亟待解决的难题。探索小深孔的精密高效加工技术，改善孔加工刀具及设备，研究更先进的加工工艺，完善深孔加工质量评测体系，成为满足国民经济需求、面向市场应用的关键。

本书共9章，以枪钻加工精度、表面质量为主线，综合运用数值解析、模拟仿真与试验验证的方法，深入分析枪钻加工圆度误差和直线度形成机理及变化规律，着重研究孔表面粗糙度和表面层硬化程度以及表面层微观结构的分布规律，创新研制了精密高效电机轴与配套齿轮副微销孔配打专用装置，进一步拓展了枪钻的加工应用。本书主要内容如下：

第1章为绪论，介绍枪钻加工技术的研究现状。

第2章从枪钻深孔钻削机理及刀具几何特性出发，依据二元直角切削模型，建立枪钻内、外刃微元钻削模型，通过数值积分法，得到枪钻加工轴向力、径向力及扭矩的解析式；数值仿真枪钻几何参数（刀具后角、齿宽、余偏角）和进给量对枪钻总轴向力和总钻削转矩的影响规律，为优化刀具结构及钻削工艺提供了基础保证。

第3章深入分析枪钻深孔加工圆度误差的形成机理，建立枪钻加工孔圆度误差模型；研究钻杆回转误差和工件的低频振动对孔形貌的影响，分别对钻杆绕动的半频效应、钻杆绕动与工件低频振动的复合效应、振幅与频率的复合效应、初始相位对孔圆度的影响进行分析比较，推测在实际加工中圆度凸角的个数和孔轮廓的最终形状，并通过FFT法预测优化方法，预测在不同切削速度、进给速度和孔深（长径比）的情况下圆度误差的大小；依据单因素试验，测试在不同加工条件下的圆度误差，揭示枪钻切削速度、进给速度和孔深（长径比）对圆度误差的影响规律，并与圆度误差数值模型预测结果进行对比分析，验证误差数值模型的合理性。

第 4 章依据枪钻加工实际，深入分析各控制因素对深孔加工直线度偏斜的影响规律，着重研究枪钻加工系统中导向套和辅助支撑装置的中心偏斜、加工参数对直线度偏斜的影响规律。根据欧拉梁理论，建立导向套和辅助支撑装置中心偏斜的直线度误差模型。

第 5 章通过单因素试验法，分析各控制因素对孔直线度偏斜的影响规律，验证预测模型的有效性，并以优化加工参数为目标，试验分析切削速度、进给速度与孔直线度之间的变化规律。利用 SEM、光学显微镜及显微硬度仪等测试仪，研究不同切削参数对枪钻加工孔表面粗糙度、微观形貌及表面显微硬度的影响规律，并探讨了刀具磨损形态与孔表面微结构之间的映射关系。

第 6 章提出三导向条的枪钻结构对孔圆度误差的抑制。将枪钻系统简化为欧拉-伯努利梁，并分解成若干离散单元，对优化结构和普通结构进行受力分析，得到圆度误差计算公式、圆度凸角，计算比较优化效果。通过有限元分析，分别对优化结构与普通结构进行静力学分析与模态分析，比较得出优化的结果。

第 7 章依据磁流变液的特性，创新设计了一种磁流变液减振器，并应用于枪钻加工系统。通过建立系统动力学模型及仿真分析，验证利用磁流变液减振器来抑制枪钻系统振动的有效性，进而研究减振系统对孔轴线偏斜的影响。

第 8 章针对微电机轴与配套齿轮副销孔加工过程中，自动化程度低、定位精度差、成品率低及刀具磨损严重等多重问题，基于枪钻加工理论，采用配钻工艺，创新研制精密高效电机轴与配套齿轮副微销孔配打专用装置，并通过实验验证了装置的可行性及有益效果。

第 9 章主要介绍激光在深孔直线度误差评定及深孔内壁形貌特征检测方面的应用，开发了一种基于激光谐波调制的深孔内壁三维面型检测系统。

本书第 1、2、3、8、9 章由中北大学李耀明副教授撰写，第 4、5、6、7 章由中北大学陈淑琴博士撰写，全书由李耀明副教授统稿。本书在编写过程中参考了很多文献资料，主要文献列于书后，在此谨向所有参考文献作者表示感谢。另外，山西省深孔加工工程技术研究中心申浩、廖科伟、付康康、崔帅等研究生承担了部分文稿录入、整理工作。对他们的辛勤劳动，在此一并表示衷心的感谢，并对协助本书出版的北京航空航天大学出版社的各位编辑深表谢忱。

　　本书的出版得到了山西省面上青年基金（201901D211203）、山西省回国留学人员科研资助项目（2020109，2021118）、山西省留学人员科技活动项目择优资助项目（20200022，20210040）、装备预先领域基金项目（80923010401）、山西省科技合作交流专项项目（202104041101022）等的资助。

　　书中的诸多机理探讨与结果还有待于将来的研究和实践予以证明。书中存在的不足之处，敬请读者多多批评指正，以期再版时予以订正、完善和提高。

作　者

2021 年 12 月

目　　录

第1章 绪 论

1.1 引 言

随着现代化进程的不断推进,高科技产品层出不穷,各行业对产品质量、供给速率的要求越来越高,功能型孔的加工需求与日俱增。近年来,在国防军事装备、航空航天器件、汽车部件、微机电系统元件及民用产品应用的多样化、小型化及微型化的发展趋势推动下,对微小深孔、交叉内孔和异型深孔的加工精度、表面质量及生产效率提出了更高要求,精密高效小深孔加工技术已经成为机械制造领域亟待解决的难题[1,2]。探索小深孔的精密高效加工技术,改善孔加工刀具及设备,研究更先进的加工工艺,完善深孔加工质量评测体系,成为满足国民经济需求、面向市场应用的关键。在国家战略性新兴产业刺激,深入实施智能制造技术的驱动发展战略下,对精密深孔加工技术进行基础性和前瞻性研究已迫在眉睫。枪钻加工技术因其独特的原理优势和巨大的潜在应用价值,已经成为先进孔加工技术的重要组成部分。目前,激光加工、电子束加工、电火花加工和机械钻孔(麻花钻钻孔、枪钻加工、BTA 深孔加工、镗孔、扩孔、铰孔、拉孔等)、电解加工、微波加工等[3-7]是主要的微小孔加工方法。其中,枪钻加工凭借其自导向及连续加工的特点,被广泛推广,其在加工效率和加工精度上具有明显优势,被称为军转民的一朵"奇葩"。

然而,对于大长径比的小孔加工,枪钻系统排屑难、刚度系统差、无法直观监控、无法有效控制的劣势限制了小深孔加工技术的发展。特别是在枪管制造、汽车喷油嘴、飞机机翼等行业[8-13],圆度、直线度精度涉及人身安全和环境污染,且我国在枪钻加工技术直线度、圆度、表面质量的综合评测方面研究基础薄弱,研究人员缺乏,这与精密、绿色制造的大趋势相背离。因而,我们迫切需要研究枪钻加工中的加工孔精度和表面质量问题,探析其中的影响因素,优化加工工艺,建立高效深孔加工技术评价体系。这对于推动深孔加工技术成为高技术产业,提升我国制造业核心竞争力具有战略意义。

深孔加工质量以产品在加工后的加工精度和表面层质量为评价标准,其主要性能指标包括直线度(钻头走偏量)、圆度、孔径、表面粗糙度(表面几何学方面的参数)、表面层加工硬化程度等[14]。加工质量对零件的使用性能影响巨大,如表面粗糙度会影响接触刚度、耐磨性、配合性质、疲劳强度及抗腐蚀性等[15-18];直线度偏斜使得零件壁厚不一,整体受力不均,影响同轴度;表面加工硬化层可增加耐磨性,但由于硬化不均匀,同时脆性也增加,零件抵抗冲击的能力降低,故表面加工硬化层成为促使裂纹生成、表面破损、极易疲劳破坏的关键原因[19]。因此,为了满足对加工质量不断提升的要求,提高零件使用价值,就有必要深入分析影响深孔加工质量的影响因素及其形成规律。

综上所述,深孔加工技术的终极目标即以高效率获得高标准的孔质量。本书主要研究目标即针对目前枪钻加工中实际存在的加工精度与表面质量问题,通过对枪钻加工系统、钻削机理及刀具结构的研究,深入分析枪钻加工圆度误差、直线度、表面粗糙度和表面层硬化程度以及表面层微观结构的分布规律,进一步揭示枪钻加工质量与加工参数之间的对应关系,从而优化加工工艺,为枪钻加工技术的推广和应用提供可靠的科学依据和技术支撑。

1.2 枪钻深孔加工技术研究现状

枪钻作为外排屑深孔钻的代表,是现代深孔刀具中具有单切削刃、冷却润滑、主动排屑及自导向功能的独特刀具[20],也是 20 世纪 30 年代初最早用于枪管制造的刀具。与枪钻相对应的浅孔刀具——麻花钻[21],因不具备自动连续排屑、冷却润滑和自导向的能力,使得加工后孔出现形位误差,易发生轴线歪斜、孔径扩大和圆度误差等缺陷,故加工精度低、孔表面粗糙度大,不但费时费力、加工质量差,而且费料、废品率高,还给后续孔加工工序带来了一系列难题(校直、多次补充加工、反复热处理等),使枪管的总工序达到 100 道以上,大大增加了产品成本。此外,由于钻削过程的半封闭性,刀具吸热多,冷却困难,加上钻头角度和切削速度沿切削刃分布不合理,故刀具在加工过程中磨损严重[22-24]。第一次世界大战开创了使用现代武器进行大规模战争的先例,推动了枪炮弹药的大规模生产,大批量、流水线生产时代促进了枪钻的诞生。正是由于深孔零件功能的独特性和深孔加工技术的独特性相结合,20 世纪下半叶形成了制造技术中的一个独特分支——深孔加工技术[14,25,26],同时派生出装备制造门类中的一个独特分支——深孔装备。随着和平、发展成为当今世界的主基调,深孔加工技术随之崭露头角,迅速被扩展应用于能源采掘、航空航天、发动机制造、仪器仪表等广泛的产业领域。

如图 1-1 所示,经过近些年的发展,新品种枪钻不断得到更新[27-29]:

① 双刃枪钻:美国研制出第一种双刃枪钻,而后日本与苏联也相继研制出一种"X"形双刃枪钻,该结构消除了对称结构,避免了如横刃、主刀刃、非径向刃等的弊端。

图 1-1　枪钻刀具

② Speedbit 枪钻:其不同于一般的深孔加工需要专用钻床,并加配高压冷却液,该钻头由一种称作 Spraymist 的箱式装置形成雾状切削液,冷却润滑效果良好。

③ 振动枪钻:由美国 Sonobound 公司研发的超声波振动深孔加工技术,对于提升刀具耐用度,提高表面质量、形位公差及生产效率都有明显优势。在国内,通常采用的是低频振动枪钻深孔加工技术。

④ 断屑枪钻:日本三菱金属株式会社的研究成果,主要用于加工韧性材料。

⑤ 销式枪钻:与传统套料钻的加工效果相似,即从实体工件中钻套出一个准确尺寸的料芯,但是效率比套料钻高,一般用于加工直径大于 12 mm 的深孔。

早在 20 世纪 50 年代,欧、美、日等发达工业国家就实施了深孔加工技术的学术研究和应用推广,并于 20 世纪六七十年代形成了专业化的深孔刀具、辅具等深孔机床装备制造体系,少数跨国公司迄今仍垄断着国际深孔加工装备市场,使得深孔加工技术成为机械制造技术门类中成本最昂贵的技术之一[14]。在国内,虽然在近些年的发展中鲜有突破性的发展,但受限于机械工业技术薄弱,大多数企业对于进口装备、深孔刀具昂贵的价格和高使用成本只能望洋兴叹,同时又没有原始的专业化深孔加工装备生产体系,致使需求与供给之间的矛盾不断扩大。更何况,这一崭新的技术实际生产经验不足,已有的工艺参数数据非常不完整,缺乏合理的切削参数选择方案及合理的刀具选择方法,在生产中还主要借助车、铣加工的经验或采用大量的"试切"方法来确定工艺参数,盲目性很大,还消耗了大量的时间和材料。同时,企业的生产效率和对市场的应变能力并没有因为深孔加工装备的更新而提升,对深孔加工技术的研究,尚有许多基础理论问题有待于解决,需要建立新的理论和方法。因而,枪钻加工技术的推广和应用不仅牵涉到技术研究层面上的问题,更主要的是理论研究层面上的问题。

随着对钻削过程的深入了解,人们开始逐步利用理论分析的方法建立力学模型[30,31]。美国学者 Merchant 依据直角自由切削建立金属切削的基本理论,还提出剪切滑移相关的切削理论[32]。E J A. Armarego 依据斜角切削理论,提出了平面钻削力的预测模型[33]。M. Elhachimi 综合运用直角和斜角的切削模型提出高转速下钻头的钻削力模型,并且模型预报值与实验结果保持一致[34,35]。A R. Williams 利用单点刀具的二维切削模型建立了钻头主切削刃的钻削力模型。S. Wiriyacosol 等人基于切削的剪切平面理论,将麻花钻的主刃和横刃视作一系列的单元直角和斜角刀具组合,再通过累加这些单元刀具来预测钻削力。N. Bhatnagar 等人通过研究各向异性的纤维补强复合材料在钻削过程中出现的非预期损坏,建立了钻削过程中轴向力和转矩的模型[36,37]。

20 世纪 80 年代,国内才开始对钻削力进行研究,麻花钻为主要研究对象[38-40]。董丽华、韩克昌等人依据"微刀具"理论和经验值推导出标准麻花钻钻削时的力学模型,并用 MATLAB 软件对钻削力进行仿真分析[41,42]。白万民等人把枪钻作为研究对象,分析了刀具在钻削时的受力状况,利用计算和测量二者结合的方法建立了枪钻的钻削力模型[43,44]。胡思节等人利用最小能量理论和"类二维"法推导出群钻的力学模型[45]。朱方来、程金石等人综合理论、实验和经验三方面,根据二元直角切削模型建立了钻削灰铸铁时麻花钻的钻削力模型,通过实验验证,实验值与理论值吻合[46,47]。

虽然国内外在钻削力方面研究力度很大,但是前面建立的许多模型和研究方法只能适用于特定的刀具,而且大多数模型是经验公式[48]。随着钻削技术和钻削刀具的不断发展,经过改进和优化后的新型刀具不断出现,曾经建立的力学模型对于结构优化后的钻头已经不适用。不仅是钻头的基本几何结构,还有在钻削过程中的许多因素也都会影响钻削力。因而,为加快我国深孔加工方向相关技术的发展,建立有效合理的枪钻钻削力模型至关重要。

1.3 枪钻加工精度研究现状

深孔加工是高精度高质量孔的生产过程中最重要的一部分,枪钻加工又是深孔加工的重要组成部分。但是在动态切削的过程中,枪钻系统因大长径比的钻杆而被激发振动和偏移,导致加工误差如孔公差、圆度误差甚至颤振的相关系统问题。在这些误差中,圆度误差是衡量孔加工质量的重要标准,所以国内外的学者对圆度误差[49-51]进行了很多研究。

在国内,西安理工大学的孔令飞等人使用动力学半解析法,再结合 Newton-Raphson 迭代法,给出了传统 BTA(Boring and Trepanning Association,国际孔加工协会)钻圆度形貌行程轨迹的数学描述[52]。华南理工大学的梁浩文通过实验的方法,研究了不同加工条件对孔圆度误差的影响[53]。刘国光等人应用 MATLAB 对四种圆度误差的测量方法进行了建模和算法编制[54]。陈淑琴、申浩等人研究了由于质量偏心引起的枪钻深孔圆度误差[55,56]。

在国外,针对不同条件的深孔加工精度(圆度、孔径变化)已经有很多研究[57-60]。

Sakuma 等人通过实验提出了导向块在加工过程中的摩擦作用的简单公式,并且讨论了不同的加工条件对 BTA 加工孔精度的影响[61]。K. SangBog 等人把 BTA 钻系统看作是一个四刃的切削刀具,并假设孔的凸角轮廓源自一种自激振动[62]。Gressesse 等人研究了 BTA 加工过程中多凸角轮廓孔的形成[63]。Chin 和 Lin 等人通过把钻杆看作一个二阶质量系统模型,研究了钻孔过程的稳定性[64]。Chandrashekhar 等人提出了一个包含固定工件和旋转钻头相互影响的 BTA 系统加工的三维模型,并使用螺旋槽来预测钻孔的圆度误差[65]。Chin 等人提出了一种数学模型模拟切削伴随切削液在钻杆中的模型,并使用压力传感器检测切削液的压力[66,67]。Deng 等人使用光线理论测量受到导套和支撑装置影响的直线度[68]。Damir 建立了一种近似的谐波模型,用于确定不同加工过程中谐波圆度凸角轮廓的振幅[69]。

另外,由于枪钻钻杆细长和刚性差等其他因素的存在,使得刀具中心轴线极易发生偏斜,造成加工孔的直线度误差过大,因此可能出现工件报废甚至钻头损坏,这是影响深孔加工质量的另一个重要因素[70-73]。为了满足市场对产品越来越高的精度要求,研究直线度的影响因素对枪钻加工甚至深孔加工领域的发展具有重要意义[74-76]。

国外对于深孔加工直线度的问题非常重视,例如 Sakuma K 等人不仅研究了导向条对孔加工质量的影响,还通过力学分析了导向条和定径刃二者之间更深层次的关系,对导向条和定径刃之间的尺寸进行了优化设计,通过实验验证了他们的研究方向能够有效改善孔的直线度和表面粗糙度[61]。R. Richardson 等人深入分析了导向作用、操作性能和刮削滚光三者之间的相互关系,进一步通过试验验证了钻头导向条分布对加工孔的直线度的影响规律[77]。Deng 利用方差分析法和参数设计方法研究了机床辅具对于孔直线度的影响,最后得出客观的数据结果[78]。K. Weinert 等人依据统计学的理论方法,更全面地研究了表面粗糙度和切削参数之间的关系,并指出钻杆的弯曲扭转刚度和大长径比特性使得钻杆容易产生振动[79]。N. Raabe 探讨了刀具、钻杆涡动及机床颤振对孔直线度的影响[80]。

和国外相比较,我国在深孔加工直线度方面的研究还比较落后,但随着国防、航空航天及民用等产业的快速发展,深孔加工技术水平也随之不断提升。大连理工大学的张伟研究了切削热对于枪钻的影响,优化设计了钻尖的参数,使切削液能够更顺畅地到达切削区,在保证枪钻正常运行的前提下还延长了枪钻寿命[81]。西安工业学院的白万民综合考虑钻杆的刚度、工件材料和机床的回转、进给精度等因素,研究了深孔加工直线度的机理和影响因素,使用有限元的方法推算出中心线偏移量的计算公式[82]。西安石油学院的熊镇芹采用振动钻削的方法来抑制轴线偏斜,并指出在普通机床进行深孔加工时,机床的周期性脉冲切削与连续钻削相比,不仅能提高钻入工件的精度,还可以有效地限制轴线偏斜量的叠加[83]。清华大学的高本河通过对刀具进入工件初期的受力状况进行建模,推导出刀具轴线偏斜的准确预测式[84]。

结合目前相关的文献资料可知,国内外研究的大都是 BTA 钻的孔直线度问题,

但是当面临 $\phi1\sim\phi20$ 的孔,占有主导地位的还是枪钻。因此,研究影响枪钻加工孔直线度的主要因素对于以后枪钻的优化设计具有重要意义。

1.4　枪钻加工孔表面质量研究现状

在金属切削过程中,无论采用何种加工工艺,各种材料零件的表面构形或表面纹理组织及变量影响规律都有很大的差异,其表面物理特性同时随刀具几何参数及材料属性匹配的不同而不同,而零件表面层质量对零件的使用性能也有很大影响。表面质量即零件表面层的机械物理性能、金相组织特性等性能的综合表征及功能特性的相互关系,主要体现在已加工表面层的表面粗糙度、表面微观形貌、残余应力和加工硬化程度,以及亚表层的金相微组织特性[85-87]。在深孔加工中,针对枪钻表面质量的研究还很少,大多集中在麻花钻钻削、BTA 深孔加工及镗孔方面。

国外较多学者针对深孔加工质量进行了一些研究[88-90]。随着材料表征技术的快速发展,大量先进材料测试技术(如扫描电子显微镜、显微硬度试验、超景深显微镜等)的出现为表面微组织结构及完整性的研究提供了可能。R. Rao 等探讨了 BTA 深孔钻削中不同加工参数对加工孔精度的影响[91]。Chern 和 Liang 通过实验验证了振动钻削和振动镗孔加工法对改善孔表面粗糙度,减小出口毛刺等方面的明显优势[92]。另外,Mehrabadi 等在钻杆动态行为分析过程中考虑阻尼和质量偏心的影响,研究了刀具动态运行轨迹的稳定性对深孔加工质量的影响[93]。在实际加工中,大多精密深孔零件都还需要经过粗加工(钻削、镗削)、精加工(珩磨、滚压)等多道加工工序才能满足生产要求,多工序加工工艺所引发的直接难题是表面加工硬化。加工表面硬化层不仅影响零件的性能,同时加剧了后续加工刀具的磨损和困难[94]。Sharman 分别通过钻削、铰孔和镗削试验,研究了不同加工工艺加工 Inconel718 材料的表面变形层的变化,发现钻削获得的孔表面白层组织明显,铰孔和镗削加工能够有效控制加工表面白层的产生[95]。

在国内,湘潭大学的曾维敏研究了麻花钻钻削过程中切削受力的数学模型,基于多元线性回归方法,建立了表面粗糙度预测模型,探讨了表面粗糙度随不同切削参数的变化规律[96]。吴鹏通过枪钻加工 Ti6A14V 试验,分析切削变形与孔表面粗糙度之间的关系,以切削变形间接地反映孔的表面质量[97]。王依诺利用有限元法,研究了枪钻加工和麻花钻钻削工艺对小孔径高精度孔表面质量的影响[98]。高本河等在振动钻削实验的基础上,通过对加工过程和钻削结果的观察和分析,全面论述了振动钻削改善孔壁粗糙度的原因[99]。王玉梅基于弹塑性理论、滚压原理和深孔滚压加工工艺,研究了滚压加工过程中的弹塑性变形及深孔滚压工艺参数对滚压性能的影响[100]。王立江和李自军等提出并研究了阶跃式变参数振动钻削技术,实验证明这种钻削方法显著提高了孔的加工精度[101]。大连理工大学的郑秀艳结合 R 型面表面粗糙度测量的难点,提出了一种基于显微视觉的深孔内微异型面粗糙度测量方法,有效解决了深孔内微异型面表面粗糙度测量难题,为此类零件表面粗糙度的测量提供了一种新的思路[102]。陈丛桂通过对小深孔振动钻削工艺参数的研究分析,实验证明了合理选择工艺参数可提高小深孔加工质量与效益[103]。

综上所述,国内对深孔加工技术的研究仍严重落后于国外制造业发达国家,并且对于深孔加工质量的研究还极其缺乏,深孔加工质量的评价体系也不完整。深孔加工中质量方面的研究需要先进的测试技术及设备,更需要交叉学科的理论融合与渗透。此外,深孔表面质量的综合控制及预测还未成体系,切削参数的合理匹配及优化亟待解决,多体系测试技术有待进一步提高。因此,急需进行针对性、系统的研究,同时,综合枪钻加工的特殊性及优异性,研制应用于国民经济多领域的产品,造就"神兵利器"势在必得。

第 2 章 基于微元理论的枪钻钻削力学特性研究

目前世界上枪钻是应用最多的外排屑深孔钻,在影响枪钻加工精度的研究中,切削力的研究至关重要。在枪钻加工过程中,如果钻削力过大,则极容易引起不稳定钻削现象,阻碍排屑,造成钻头崩刃甚至提前报废,最终直接影响到加工效率和加工精度。相反,若钻削力过小,则会抑制刀具性能的合理发挥,降低生产效率。因此,获得适宜的钻削力,确保刀具切削性能的充分发挥,一直是深孔加工领域研究的重点。只有充分明晰枪钻加工过程中受到的各个分力的作用,采用合理的力学模型分析刀具的受力情况,才能准确地对枪钻进行力学分析和建模仿真,掌握枪钻加工钻削力的变化规律和影响因素对提高加工效率及加工质量意义重大。

2.1 枪钻钻削机理

2.1.1 枪钻工作原理

刀具、机床、工件、控制系统以及专用辅具是组成深孔加工系统的五大基本要素,采用的刀具种类、加工方式决定了深孔机床的设计配置。依据不同的加工方式可以把枪钻机床分为以下三种[1]:

① 刀具进给,工件旋转式枪钻机床。该类机床在生产加工过程中的应用范围最广[14],可以用来加工同轴深孔的回转体类的工件。

② 刀具旋转进给,工件固定不动式枪钻机床。该类机床广泛应用于加工各种非回转体零件的深孔及回转体零件上不同轴线的深孔,尤其是板材类零件上的坐标孔。该类加工方式的机床可以加工种类繁多的零件,因此该类的机床必将成为今后重要的发展方向。

③ 刀具旋转进给,工件反方向旋转式枪钻机床。该类机床主要用于因加工工件的外径比较大或者刚性不足等原因需要降低转速的情况,为保证加工效率和加工精度,需要提高刀具转速来进行补充。

图 2-1 所示为生产加工中应用范围最广的枪钻机床工作原理结构图。工件安

装在主轴末端的三爪卡盘上,在枪钻钻削过程中,钻头在引导孔或导向套的引导下开始进行切削加工,导向条起到导向的作用。高压泵将高压切削液经过钻杆内腔油孔输送到切削区域,不仅对切削区进行了冷却润滑,而且高压的切削液冲击切屑,利于断屑、排屑,随后切削液从已加工孔壁和钻杆之间的"V"形空间排出,最后到达积屑箱,切削液返回油箱,经过严格过滤后可以循环使用。

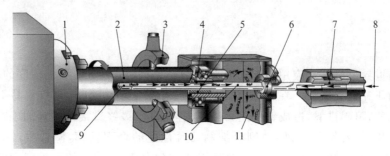

1—三爪卡盘；2—工件；3—中心架；4—密封套；5—导向套；6—主轴支承；
7—驱动器；8—冷却液入口；9—钻头；10—钻杆；11—积屑箱

图 2 - 1 枪钻工作原理示意图

2.1.2 枪钻钻头几何结构

枪钻主要由深孔钻,钻头、钻杆以及钻柄三部分组成。其中钻头是枪钻系统中最重要的组成部分,担负着主要的钻削工作,钻头圆周分布有导向块,使其能够自导向,从而可以一次性加工出高精度的孔,无须中途退刀。根据不同加工要求,钻刃部由单圆孔、双圆孔或肾型孔通道和刀身的进油孔连接,为了使钻头有较好的强度和耐磨性,钻头的刃部一般选用钨钴类硬质合金。

枪钻钻头的几何示意图如图 2 - 2 所示。在图中,x 轴通过枪钻中心轴线与钻尖共面,并且垂直于前刀面向外,z 轴沿轴线指向钻尖,可建立空间直角坐标系使 y 轴过钻尖。

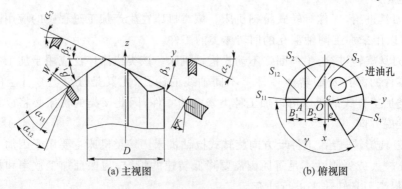

(a) 主视图　　　　　　　　　　(b) 俯视图

图 2 - 2 枪钻钻头的几何示意图

其中，D 为公称直径；O 为几何中心；A 为钻尖；C 为沟槽底点；B_1、B_2 分别为外刃宽度和内刃宽度；e 为偏心距；γ 为槽形角；S_{11} 为外刃第一后刀面，S_{12} 为外刃第二后刀面；S_2 为钻尖后刀面；S_3 为内刃后刀面；S_4 为导流面；β_1 为外刃余偏角；α_{11}、α_{12} 分别为外刃第一后角和外刃第二后角；W 为外刃第一后刀面宽度；β_2 为内刃余偏角；α_3 为内刃后角；α_2 为刀尖后角；β_3 为导流面与 yOz 的交线和 y 轴正方向的夹角；K 为导流面控制角。

切屑形状和加工孔的精度与内、外刃余偏角和钻头偏心值的大小密切相关。适当的刀具几何参数组合可以促使径向钻削力分力的平衡，或者使其合力方向指向第一导向条，保证枪钻良好的导向功能。由于外刃第二后角的存在，使得切削液更容易抵达切削区，不但提高了冷却效果，而且方便对第一后角进行精磨。刀具中的钻尖后角避免了刀尖后面出现干涉，在枪钻加工过程中，导向条和已加工孔壁之间形成了一层高压油膜，有效避免了干摩擦的发生，从而达到提高加工精度、表面质量及延长刀具寿命的目的。

2.2　枪钻钻削力建模

2.2.1　钻削力和转矩分析

枪钻独特的几何结构及自导向功能，使得枪钻钻削过程中伴随着两个特别之处：一方面，刃部受到挤压和剪切的双重作用，转矩较大；另一方面，切削刃外边缘切削速度最快，但是，越靠近刀具中心处切削速度越慢，故其承受的挤压应力非常大，刀刃容易碎裂。

由图 2-2 分析可得，若进给量为 f，则外刃的切削深度 $a_{p1}=f\cos\beta_1$，切削刃长度 $b_{D1}=B_1/\cos\beta_1$；内刃的切削深度 $a_{p2}=f\cos\beta_2$，切削刃长度 $b_{D2}=B_2/\cos\beta_2$。

如图 2-3 所示建立坐标系，这样便于分析和计算枪钻的钻削力和转矩。钻头所受的钻削力可以分解为轴向力、径向力和切向力三个方向的分力，分别是 F_a、F_r 和 F_t。作用在内刃、外刃和副刃带上的轴向力、径向力和切向力分别为 F_{a2}、F_{r2}、F_{t2}，F_{a1}、F_{r1}、F_{t1} 和 F_{a0}、F_{r0} 和 F_{t0}。作用在两导向条上的轴向摩擦力、周向摩擦力和正压力分别为 F_{a11}、F_{a12}，F_{t11}、F_{t12} 和 F_{n1}、F_{n2}。两个导向条与切削刃夹角分别为 θ_1 和 θ_2。以枪钻中心轴为中心，设外刃切向力 F_{t1} 和内刃切向力 F_{t2} 到中心的力臂分别为 l_1 和 l_2，则可以得到枪钻钻头的受力平衡方程：

$$\begin{cases} \sum F_r = F_{r1} - F_{r2} - F_{n1}\cos\theta_1 + F_{n2}\cos\theta_2 + F_{t11}\sin\theta_1 + F_{t12}\sin\theta_2 + F_{r0} \\ \sum F_u = F_{a1} + F_{a2} + F_{a0} + F_{a11} + F_{a12} \\ \sum M = F_{t1}\cdot l_1 + F_{t2}\cdot l_2 + (F_{t0} + F_{t11} + F_{t12})\cdot D/2 \end{cases} \tag{2-1}$$

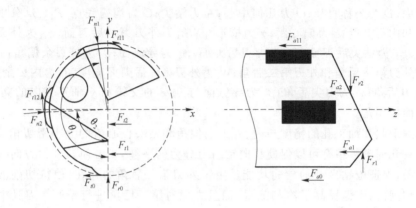

图 2-3 枪钻钻头受力图

在切削内、外刃,导向条和切削液的共同作用下,枪钻系统在径向方向达到平衡。由于副刃带对枪钻的轴向力、径向力、切向力和钻削转矩的影响都很小,所以可以忽略 F_{a0}、F_{r0} 和 F_{t0}[37]。孔壁与导向块之间存在轴向摩擦和周向摩擦,严格来讲,轴向摩擦力和周向摩擦力的计算应采用当量摩擦系数,由于导向条材料通常采用塑性变形很小的硬质合金,并且当量摩擦系数主要依据经验所得,故实际应用比较困难[38]。因此,本书以常用的滑动摩擦系数 μ 进行近似计算:

$$\begin{cases} F_{t11} = F_{a11} = \mu \cdot F_{n1} \\ F_{t12} = F_{a12} = \mu \cdot F_{n2} \end{cases} \tag{2-2}$$

则可将钻头的受力方程简化为

$$\begin{cases} \sum F_r = F_{r1} - F_{r2} - F_{n1}\cos\theta_1 + \mu F_{n1}\sin\theta_1 + F_{n2}\cos\theta_2 + \mu F_{n2}\sin\theta_2 = 0 \\ \sum F_a = F_{a1} + F_{a2} + \mu \cdot F_{n1} + \mu \cdot F_{n2} \\ \sum M = F_{t1} \cdot l_1 + F_{t2} \cdot l_2 + \mu(F_{n1} + F_{n2}) \cdot D/2 \end{cases} \tag{2-3}$$

式中,θ_1、θ_2、μ、D 均为已知量,要求枪钻的轴向力、径向力和转矩,只需要求出导向条上正压力 F_{n1}、F_{n2} 和内、外刃上的轴向力、径向力、切向力 F_{a2}、F_{r2}、F_{t2} 和 F_{a1}、F_{r1}、F_{t1}。

2.2.2 钻削微元模型

刀具通过切削运动切下工件上多余金属层得到具有一定精度工件的过程为金属切削过程[39]。钻削切削的形成机理实际是三维切削变形,但到目前为止,仍没有完善的理论求解方法。已有的一些相关钻削力研究文献适当地简化了钻削切削的形成机理,把三维切削简化为二维切削来进行研究。为此,借助有限元分析的思想,将切削刃分解为多个足够小的切削单元,即微刀具,假设在切削速度方向和切削流方向所构成的平面上,微刀具加工出的切削发生平面应变,则这一微刀具的二维切削集合就代表了整个切削刃的切削状态[40]。

钻削力可以利用二元直角切削模型
来求近似解,与实验结果相比较,理论计
算值与实验测量值基本吻合[41]。枪钻
的前角是 0°,属于直角切削,并且切削
刃不是麻花钻的空间螺旋线而是直线。
因此借鉴二元直角的切削模型建立的枪
钻微元模型如图 2 - 4 所示,这样求解枪
钻的钻削力将会更加接近实际值。其
中,$\mathrm{d}x$ 表示微刃宽度,β 表示微刃与 xy
平面的夹角,α 表示微刃的后角,V_B 表
示后刀面的磨损带宽。切向力 F_1、摩擦
力 F 的方向在 $-x$ 轴和 $-z$ 轴上,F_2、

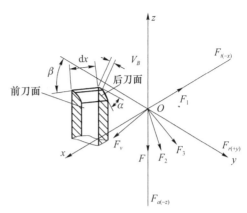

图 2 - 4　微元模型示意图

F_3、F_v 为空间力,它们在 x、y 和 z 轴上都有分力,分别表示为 F_{2x}、F_{2y}、F_{2z}、F_{3x}、F_{3y}、
F_{3z} 和 F_{vx}、F_{vy}、F_{vz}。所以微刃钻削力分力可以表示为

$$\begin{cases} F_a = F - F_{2z} - F_{3z} - F_{vz} \\ F_r = F_{2y} - F_{3y} - F_{vy} \\ F_t = F_1 - F_{2x} - F_{3x} - F_{vx} \end{cases} \tag{2-4}$$

由参考文献[41]可知

$$\begin{cases} F_1 = U_C \cdot b_D \cdot a_p \\ F = b_D \cdot l_C \cdot \tau_C \\ F_v = \sigma_b \cdot V_B \cdot b_D \\ F_3 = \mu \cdot \sigma_b \cdot V_B \cdot b_D \\ F_2 = H_B \cdot r' \cdot b_D \end{cases} \tag{2-5}$$

式中,r' 表示刀尖圆弧半径;b_D 为切削宽度;a_p 为切削深度;H_B 表示工件材料硬
度;μ 为刀具和工件摩擦系数;σ_b 为被加工材料屈服强度;l_C 代表切削与前刀面的
接触长度,$l_C \approx 2a_p$;τ_C 为前刀面的平均摩擦应力;U_C 为切除单位面积所消耗的能
量,$U_C \approx H_B$。

2.2.3　外刃钻削微元模型

外刃微元模型如图 2 - 5 所示,F_w、F_{1w} 作用在微外刃刀具 $\mathrm{d}x$ 前刀面,F_{vw}、F_{3w} 作
用在后刀面上,F_{2w} 作用在刀尖上。F_{vw}、F_{2w}、F_{3w} 的方向矢量借助单位向量绕坐标轴
旋转而获得[42]。$\boldsymbol{n}_{vw}$ 为微外刃刀具后刀面上所受正压力 F_{vw} 的方向矢量,即外刃后刀

面的法向量,其可通过单位向量$(0,0,-1)$先绕 x 轴旋转 β_1,再绕 y 轴旋转 $-\alpha_{11}$ 得到

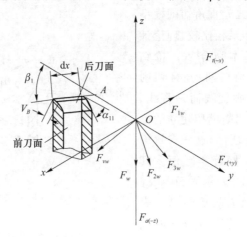

图 2 - 5　外刃微元模型示意图

$$
\boldsymbol{n}_{vw} = \begin{bmatrix} \cos\alpha_{11} & 0 & -\sin\alpha_{11} \\ -\sin\alpha_{11}\sin\beta_1 & \cos\beta_1 & -\cos\alpha_{11}\sin\beta_1 \\ \sin\alpha_{11}\cos\beta_1 & \sin\beta_1 & \cos\alpha_{11}\cos\beta_1 \end{bmatrix} \begin{bmatrix} 0 \\ 0 \\ -1 \end{bmatrix} = \begin{bmatrix} \sin\alpha_{11} \\ \cos\alpha_{11}\sin\beta_1 \\ -\cos\alpha_{11}\cos\beta_1 \end{bmatrix} \tag{2-6}
$$

则 F_{vw} 沿 x,y 和 z 轴分量 F_{vwx}、F_{vwy}、F_{vwz} 为

$$
\begin{bmatrix} F_{vwx} \\ F_{vwy} \\ F_{vwz} \end{bmatrix} = \boldsymbol{F}_{vw} \cdot \boldsymbol{n}_{vw} = \begin{bmatrix} F_{vw}\sin\alpha_{11} \\ F_{vw}\cos\alpha_{11}\sin\beta_1 \\ -F_{vw}\cos\alpha_{11}\cos\beta_1 \end{bmatrix} \tag{2-7}
$$

微外刃刀具后刀面上摩擦力 F_{3w} 的方向矢量 $\boldsymbol{n}_{3w}$ 可通过单位向量 $(-1,0,0)$ 先绕 x 轴旋转 β_1,再绕 y 轴旋转 $-\alpha_{11}$ 得到

$$
\boldsymbol{n}_{3w} = \begin{bmatrix} \cos\alpha_{11} & 0 & -\sin\alpha_{11} \\ -\sin\alpha_{11}\sin\beta_1 & \cos\beta_1 & -\cos\alpha_{11}\sin\beta_1 \\ \sin\alpha_{11}\cos\beta_1 & \sin\beta_1 & \cos\alpha_{11}\cos\beta_1 \end{bmatrix} \begin{bmatrix} -1 \\ 0 \\ 0 \end{bmatrix} = \begin{bmatrix} -\cos\alpha_{11} \\ \sin\alpha_{11}\sin\beta_1 \\ -\sin\alpha_{11}\cos\beta_1 \end{bmatrix} \tag{2-8}
$$

则 $\boldsymbol{F}_{3w}$ 沿 x,y 和 z 轴分量 F_{3wx}、F_{3wy}、F_{3wz} 为

$$
\begin{bmatrix} F_{3wx} \\ F_{3wy} \\ F_{3wz} \end{bmatrix} = \boldsymbol{F}_{3w} \cdot \boldsymbol{n}_{3w} = \begin{bmatrix} -F_{3w}\cos\alpha_{11} \\ F_{3w}\sin\alpha_{11}\sin\beta_1 \\ -F_{3w}\sin\alpha_{11}\cos\beta_1 \end{bmatrix} \tag{2-9}
$$

微外刃刀具的刀尖耕犁力 $\boldsymbol{F}_{2w}$ 方向矢量 $\boldsymbol{n}_{2w}$ 可通过单位向量 $(-1,0,-1)$ 先绕 x 轴旋转 β_1,再绕 y 轴旋转 $-\dfrac{\alpha_{11}}{2}$ 得到

$$\boldsymbol{n}_{2w} = \begin{bmatrix} \cos\dfrac{\alpha_{11}}{2} & 0 & \sin\dfrac{\alpha_{11}}{2} \\ -\sin\dfrac{\alpha_{11}}{2}\sin\beta_1 & \cos\beta_1 & -\cos\dfrac{\alpha_{11}}{2}\sin\beta_1 \\ \sin\dfrac{\alpha_{11}}{2}\cos\beta_1 & \sin\beta_1 & \cos\dfrac{\alpha_{11}}{2}\cos\beta_1 \end{bmatrix} \begin{bmatrix} -1 \\ 0 \\ -1 \end{bmatrix}$$

$$= \begin{bmatrix} -\sin\dfrac{\alpha_{11}}{2} - \cos\dfrac{\alpha_{11}}{2} \\ \sin\beta_1\left(\sin\dfrac{\alpha_{11}}{2} + \cos\dfrac{\alpha_{11}}{2}\right) \\ -\cos\beta_1\left(\sin\dfrac{\alpha_{11}}{2} + \cos\dfrac{\alpha_{11}}{2}\right) \end{bmatrix} \tag{2-10}$$

则 $\boldsymbol{F}_{2w}$ 沿 x，y 和 z 轴分量 F_{2ux}、F_{2uy}、F_{2uz} 为

$$\begin{bmatrix} F_{2ux} \\ F_{2uy} \\ F_{2uz} \end{bmatrix} = \boldsymbol{F}_{2w} \cdot \boldsymbol{n}_{2w} = \begin{bmatrix} -F_{2w}\left(\sin\dfrac{\alpha_{11}}{2} + \cos\dfrac{\alpha_{11}}{2}\right) \\ F_{2w}\sin\beta_1\left(\sin\dfrac{\alpha_{11}}{2} + \cos\dfrac{\alpha_{11}}{2}\right) \\ -F_{2w}\cos\beta_1\left(\sin\dfrac{\alpha_{11}}{2} + \cos\dfrac{\alpha_{11}}{2}\right) \end{bmatrix} \tag{2-11}$$

2.2.4　内刃钻削微元模型

内刃微元模型如图 2-6 所示，微内刃后刀面上正压力 F_{vn} 的方向矢量 $\boldsymbol{n}_{vn}$ 同理可通过单位向量 $(0,0,-1)$ 先绕 x 轴旋转 $-\beta_2$，再绕 y 轴旋转 $-\alpha_3$ 得到

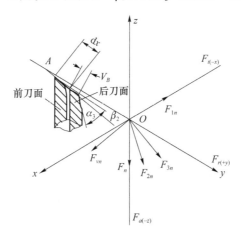

图 2-6　内刃微元模型示意图

15

$$\boldsymbol{n}_{vn} = \begin{bmatrix} \cos \alpha_3 & 0 & -\sin \alpha_3 \\ \sin \alpha_3 \sin \beta_2 & \cos \beta_2 & \cos \alpha_3 \sin \beta_2 \\ \sin \alpha_3 \cos \beta_2 & -\sin \beta_2 & \cos \alpha_3 \cos \beta_2 \end{bmatrix} \begin{bmatrix} 0 \\ 0 \\ -1 \end{bmatrix} = \begin{bmatrix} \sin \alpha_3 \\ -\cos \alpha_3 \sin \beta_2 \\ -\cos \alpha_3 \cos \beta_2 \end{bmatrix} \quad (2-12)$$

则 $\boldsymbol{F}_{vn}$ 沿 x,y 和 z 轴分量 F_{vnx}、F_{vny}、F_{vnz} 为

$$\begin{bmatrix} F_{vnx} \\ F_{vny} \\ F_{vnz} \end{bmatrix} = \boldsymbol{F}_{vn} \cdot \boldsymbol{n}_{vn} = \begin{bmatrix} F_{vn} \sin \alpha_3 \\ -F_{vn} \cos \alpha_3 \sin \beta_2 \\ -F_{vn} \cos \alpha_3 \cos \beta_2 \end{bmatrix} \quad (2-13)$$

微内刃刀具后刀面上摩擦力 $\boldsymbol{F}_{3n}$ 的方向矢量 $\boldsymbol{n}_{3n}$ 可以通过单位向量 $(-1,0,0)$ 先绕 x 轴旋转 $-\beta_2$，再绕 y 轴旋转 $-\alpha_3$ 得到

$$\boldsymbol{n}_{3n} = \begin{bmatrix} \cos \alpha_3 & 0 & -\sin \alpha_3 \\ \sin \alpha_3 \sin \beta_2 & \cos \beta_2 & \cos \alpha_3 \sin \beta_2 \\ \sin \alpha_3 \cos \beta_2 & -\sin \beta_2 & \cos \alpha_3 \cos \beta_2 \end{bmatrix} \begin{bmatrix} -1 \\ 0 \\ 0 \end{bmatrix} = \begin{bmatrix} -\cos \alpha_3 \\ -\sin \alpha_3 \sin \beta_2 \\ -\sin \alpha_3 \cos \beta_2 \end{bmatrix} \quad (2-14)$$

则 $\boldsymbol{F}_{3n}$ 沿 x,y 和 z 轴分量 F_{3nx}、F_{3ny}、F_{3nz} 为

$$\begin{bmatrix} F_{3nx} \\ F_{3ny} \\ F_{3nz} \end{bmatrix} = \boldsymbol{F}_{3n} \cdot \boldsymbol{n}_{3n} = \begin{bmatrix} -F_{3n} \cos \alpha_3 \\ -F_{3n} \sin \alpha_3 \sin \beta_2 \\ -F_{3n} \sin \alpha_3 \cos \beta_2 \end{bmatrix} \quad (2-15)$$

微内刃刀尖的耕犁力 $\boldsymbol{F}_{2n}$ 方向矢量 $\boldsymbol{n}_{2n}$ 可通过单位向量 $(-1,0,-1)$ 先绕 x 轴旋转 $-\beta_2$，再绕 y 轴旋转 $-\dfrac{\alpha_3}{2}$ 得到

$$\boldsymbol{n}_{2n} = \begin{bmatrix} \cos \dfrac{\alpha_3}{2} & 0 & \sin \dfrac{\alpha_3}{2} \\ -\sin \dfrac{\alpha_3}{2} \sin \beta_2 & \cos \beta_2 & \cos \dfrac{\alpha_3}{2} \sin \beta_2 \\ -\sin \dfrac{\alpha_3}{2} \cos \beta_2 & -\sin \beta_2 & \cos \dfrac{\alpha_3}{2} \cos \beta_3 \end{bmatrix} \begin{bmatrix} -1 \\ 0 \\ -1 \end{bmatrix}$$

$$= \begin{bmatrix} -\sin \dfrac{\alpha_3}{2} - \cos \dfrac{\alpha_3}{2} \\ \sin \beta_2 \left(\sin \dfrac{\alpha_3}{2} - \cos \dfrac{\alpha_3}{2} \right) \\ \cos \beta_2 \left(\sin \dfrac{\alpha_3}{2} - \cos \dfrac{\alpha_3}{2} \right) \end{bmatrix} \quad (2-16)$$

则 $\boldsymbol{F}_{2n}$ 沿 x,y 和 z 轴分量 F_{2nx}、F_{2ny}、F_{2nz} 为

$$\begin{bmatrix} F_{2nx} \\ F_{2ny} \\ F_{2nz} \end{bmatrix} = \boldsymbol{F}_{2n} \cdot \boldsymbol{n}_{2n} = \begin{bmatrix} -F_{2n} \left(\sin \dfrac{\alpha_{11}}{2} + \cos \dfrac{\alpha_{11}}{2} \right) \\ F_{2n} \sin \beta_2 \left(\sin \dfrac{\alpha_3}{2} - \cos \dfrac{\alpha_3}{2} \right) \\ F_{2n} \cos \beta_2 \left(\sin \dfrac{\alpha_3}{2} - \cos \dfrac{\alpha_3}{2} \right) \end{bmatrix} \quad (2-17)$$

2.2.5　钻削力和转矩求解

把枪钻的直线型切削刃分解为多个微刀刃,前面的刀具微元模型已经给出了微刀具轴向力、径向力以及切向力的表达式。只需要对这些微刀具的钻削分力做积分,便能解出枪钻钻削力和钻削转矩。

枪钻切削刃包括内刃和外刃,由式(2-4)~(2-17)可知,微外刃刀具的轴向力 $\mathrm{d}F_{aw}$、径向力 $\mathrm{d}F_{rw}$ 以及切向力 $\mathrm{d}F_{tw}$ 分别为

$$
\begin{cases}
\mathrm{d}F_{aw} = 2f\cos\beta_1 \cdot \tau_C \cdot \mathrm{d}x + \sigma_b \cdot V_B \cdot \mathrm{d}x \cdot \cos\beta_1\cos\alpha_{11} + \\
\qquad \mu\sigma_b \cdot V_B \cdot \mathrm{d}x \cdot \cos\beta_1\cos\alpha_{11} + H_B \cdot r' \cdot \mathrm{d}x \cdot \cos\beta_1\left(\sin\dfrac{\alpha_{11}}{2} + \cos\dfrac{\alpha_{11}}{2}\right) \\
\mathrm{d}F_{rw} = \sigma_b \cdot V_B \cdot \mathrm{d}x \cdot \sin\beta_1(\cos\alpha_{11} + \mu\sin\alpha_{11}) + \\
\qquad H_B \cdot r' \cdot \mathrm{d}x \cdot \sin\beta_1\left(\sin\dfrac{\alpha_{11}}{2} + \cos\dfrac{\alpha_{11}}{2}\right) \\
\mathrm{d}F_{tw} = U_C \cdot \mathrm{d}x \cdot 2f \cdot \cos\beta_1 - \sigma_b \cdot V_B \cdot \mathrm{d}x(\sin\alpha_{11} - \mu\cos\alpha_{11}) - \\
\qquad H_B \cdot r' \cdot \mathrm{d}x\left(\sin\dfrac{\alpha_{11}}{2} - \cos\dfrac{\alpha_{11}}{2}\right)
\end{cases}
$$

$$(2\text{-}18)$$

通过积分可得外刃的钻削分力为

$$
\begin{cases}
F_{aw} = \displaystyle\int_0^{\frac{B_1}{\cos\beta_1}} \mathrm{d}F_{aw} = 2f\cos\beta_1 \cdot \tau_C + \sigma_b \cdot V_B \cdot B_1(\cos\alpha_{11} + \mu\sin\alpha_{11}) + \\
\qquad H_B \cdot r' \cdot B_1\left(\sin\dfrac{\alpha_{11}}{2} + \cos\dfrac{\alpha_{11}}{2}\right) \\
F_{rw} = \displaystyle\int_0^{\frac{B_1}{\cos\beta_1}} \mathrm{d}F_{rw} = \sigma_b \cdot V_B \cdot \dfrac{B_1}{\cos\beta_1} \cdot \sin\beta_1(\cos\alpha_{11} + \mu\sin\alpha_{11}) + \\
\qquad H_B \cdot r' \cdot \dfrac{B_1}{\cos\beta_1} \cdot \sin\beta_1\left(\sin\dfrac{\alpha_{11}}{2} + \cos\dfrac{\alpha_{11}}{2}\right) \\
F_{tw} = \displaystyle\int_0^{\frac{B_1}{\cos\beta_1}} \mathrm{d}F_{tw} = 2f \cdot U_C \cdot B_1 + \sigma_b \cdot V_B \cdot \dfrac{B_1}{\cos\beta_1}(\mu\cos\alpha_{11} - \sin\alpha_{11}) - \\
\qquad H_B \cdot r' \cdot \dfrac{B_1}{\cos\beta_1}\left(\sin\dfrac{\alpha_{11}}{2} - \cos\dfrac{\alpha_{11}}{2}\right)
\end{cases}
$$

$$(2\text{-}19)$$

同理可以求得内刃的钻削分力为

$$\begin{cases} F_{an} = 2f \cdot B_2 \cdot \tau_C + \sigma_b \cdot V_B \cdot B_2 \cos\alpha_3 + \mu \cdot \sigma_b \cdot V_B \cdot B_2 \sin\alpha_3 + \\ \qquad H_B \cdot r' \cdot B_2 \left(\sin\dfrac{\alpha_3}{2} + \cos\dfrac{\alpha_3}{2} \right) \\[2mm] F_{rn} = \sigma_b \cdot V_B \cdot \dfrac{B_2}{\cos\beta_2} \cdot \sin\beta_2 \cos\alpha_3 + \mu\sin\alpha_{11}) + \mu \cdot \sigma_b \cdot V_B \cdot \dfrac{B_2}{\cos\beta_2} \cdot \\[2mm] \qquad \sin\beta_2 \cos\alpha_3 + H_B \cdot r' \cdot \dfrac{B_2}{\cos\beta_2} \cdot \sin\beta_2 \left(\sin\dfrac{\alpha_3}{2} + \cos\dfrac{\alpha_3}{2} \right) \\[2mm] F_{tn} = 2f \cdot U_C \cdot B_2 - \sigma_b \cdot V_B \cdot \dfrac{B_2}{\cos\beta_2} \cdot \sin\alpha_3 + \mu \cdot \sigma_b \cdot V_B \cdot \dfrac{B_2}{\cos\beta_2} \cdot \cos\alpha_3 - \\[2mm] \qquad H_B \cdot r' \cdot \dfrac{B_2}{\cos\beta_2} \left(\sin\dfrac{\alpha_3}{2} - \cos\dfrac{\alpha_3}{2} \right) \end{cases}$$

$$(2\text{-}20)$$

所以,枪钻切削刃的钻削分力为

$$\begin{cases} F_a' = F_{aw} + F_{an} \\ F_r' = F_{rw} - F_{rn} \\ F_t' = F_{tw} + F_{tn} \end{cases}$$

$$(2\text{-}21)$$

$$\begin{cases} F_a' = f \cdot \tau_C \cdot D + \sigma_b \cdot V_B \left[B_1 (\cos\alpha_{11} + \mu\sin\alpha_{11}) + B_2 (\cos\alpha_3 + \mu\sin\alpha_3) \right] + \\[2mm] \qquad H_B \cdot r' \left[B_1 \left(\sin\dfrac{\alpha_{11}}{2} + \cos\dfrac{\alpha_{11}}{2} \right) + B_2 \left(\sin\dfrac{\alpha_3}{2} + \cos\dfrac{\alpha_3}{2} \right) \right] \\[2mm] F_r' = \sigma_b \cdot V_B (B_1 \tan\beta_1 \cos\alpha_{11} - B_2 \tan\beta_2 \cos\alpha_3) + \\[2mm] \qquad \mu \cdot \sigma_b \cdot V_B (B_1 \tan\beta_1 \sin\alpha_{11} - B_2 \tan\beta_2 \sin\alpha_3) + \\[2mm] \qquad H_B \cdot r' \left[B_1 \tan\beta_1 \left(\sin\dfrac{\alpha_{11}}{2} + \cos\dfrac{\alpha_{11}}{2} \right) - B_2 \tan\beta_2 \left(\sin\dfrac{\alpha_3}{2} + \cos\dfrac{\alpha_3}{2} \right) \right] \\[2mm] F_t' = f \cdot U_C \cdot D + \sigma_b \cdot V_B \left[\dfrac{B_1}{\cos\beta_1} (\mu\cos\alpha_{11} - \sin\alpha_{11}) + \dfrac{B_2}{\cos\beta_2} (\mu\cos\alpha_3 - \sin\alpha_3) \right] - \\[2mm] \qquad H_B \cdot r' \left[\dfrac{B_1}{\cos\beta_1} \left(\sin\dfrac{\alpha_{11}}{2} - \cos\dfrac{\alpha_{11}}{2} \right) + \dfrac{B_2}{\cos\beta_2} \left(\sin\dfrac{\alpha_3}{2} - \cos\dfrac{\alpha_3}{2} \right) \right] \end{cases}$$

$$(2\text{-}22)$$

若微外刃刀具宽度为 $\mathrm{d}X_1$,所在位置为 x_1,则微外刃刀具到枪钻中心轴的距离 $r_w = B_2 + x_1 \cos\beta_1$。同理,微内刃刀具宽度为 $\mathrm{d}X_2$,所在位置为 x_2,则微内刃刀具到枪钻中心轴的距离 $r_n = x_2 \cos\beta_3$,则刀具内刃和外刃的钻削转矩分别为

$$\begin{cases} M_w = \displaystyle\int_0^{\frac{B_1}{\cos\beta_1}} \mathrm{d}F_{tw} \cdot r_w \\[4mm] M_n = \displaystyle\int_0^{\frac{B_2}{\cos\beta_2}} \mathrm{d}F_{tn} \cdot r_n \end{cases}$$

$$(2\text{-}23)$$

内刃和外刃转矩之和

$$M' = M_w + M_n$$

$$M' = \frac{B_1}{\cos \beta_1}\left(B_1 + \frac{B_1}{2}\right)\left[\sigma_b \cdot V_B (\mu \cos \alpha_{11} - \sin \alpha_{11}) - H_B \cdot r'\left(\sin \frac{\alpha_{11}}{2} - \cos \frac{\alpha_{11}}{2}\right)\right] +$$

$$f \cdot U_C \cdot B_1 + B_2^2 + \sigma_b \cdot V_B \frac{B_2}{\cos \beta_2}(\mu \cos \alpha_3 - \sin \alpha_3) -$$

$$H_B \cdot r'\frac{B_2^2}{\cos \beta_2}\left(\sin \frac{\alpha_3}{2} - \cos \frac{\alpha_3}{2}\right) \tag{2-24}$$

所以式(2-3)可以简化为

$$\begin{cases} \sum F_r = F_r' - F_{n2}\cos \theta_2 - \mu F_{n2}\sin \theta_2 + F_{n1}\cos \theta_1 - \mu F_{n1}\sin \theta_1 = 0 \\ \sum F_a = F_a' + \mu \cdot F_{n1} + \mu \cdot F_{n2} \\ \sum M = M' + \mu(F_{n1} + F_{n2}) \cdot D/2 \end{cases} \tag{2-25}$$

为求出两导向条上的径向压力,将图 2-3 中所有的力等效为作用在钻头几何中心的力和力矩,将力沿着 x、y 轴方向做正交分解,列出对应的平衡方程为

$$\begin{cases} \sum x = F_{n1}\sin(180° - \theta_1) + F_{t11}\cos(180° - \theta_1) + F_{n2}\sin \theta_2 - F' - F_{t12}\cos \theta_2 = 0 \\ \sum y = F_r' - F_{n1}\cos(180° - \theta_1) + F_{t12}\sin \theta_2 + F_{n2}\cos \theta_2 + F_{t11}\sin(180° - \theta_1) = 0 \end{cases}$$

$$\tag{2-26}$$

将式(2-2)和式(2-26)联立得

$$\begin{cases} F_{n1} = -\dfrac{F_t'(\cos \theta_2 + \mu \sin \theta_2) + F_r'(\sin \theta_2 - \mu \cos \theta_2)}{\cos \theta_2 \sin \theta_2 - \sin \theta_1 \cos \theta_2 + \mu^2(\cos \theta_1 \sin \theta_2 - \sin \theta_1 \cos \theta_2)} \\ F_{n2} = -\dfrac{F_t'(\cos \theta_1 + \mu \sin \theta_1) + F_r'(\sin \theta_1 - \mu \cos \theta_1)}{\cos \theta_2 \sin \theta_2 - \sin \theta_1 \cos \theta_2 + \mu^2(\cos \theta_1 \sin \theta_2 - \sin \theta_1 \cos \theta_2)} \end{cases} \tag{2-27}$$

所以,最终的钻削力数学模型为

$$\begin{cases} \sum F_a = F_a' + \mu \dfrac{(\cos \theta_1 - \cos \theta_2)(F_t' - \mu F_r') + (\sin \theta_1 - \sin \theta_2)(\mu F_t' + F_r')}{(1+\mu)^2 \sin(\theta_2 - \theta_1)} \\ \sum M = M' + \mu \cdot D \dfrac{(\cos \theta_1 - \cos \theta_2)(F_t' - \mu F_r') + (\sin \theta_1 - \sin \theta_2)(\mu F_t' + F_r')}{2(1+\mu)^2 \sin(\theta_2 - \theta_1)} \end{cases}$$

$$\tag{2-28}$$

由式(2-22)、式(2-24)以及式(2-28)可以得到:枪钻所受到的钻削力和力矩不仅与钻头结构的几何参数有关,还与加工工艺参数和工件的材料性能有关,如内角、外角、内刃后角、外刃第一后角、内刃宽度、外刃宽度、进给量和摩擦系数等。当任何一项参数发生变化时,钻削力和转矩都会发生变化。因此,有必要找出这些影响参数引起的钻削力和转矩的变化规律,这样能够准确预测钻削过程中的钻削力和转矩,并进行合理控制,从而充分发挥枪钻的钻削性能。

2.3 枪钻钻削力数值仿真

枪钻在加工较大长径比的深孔零件过程中,如果出现内外切削刃的径向力之差和切向力比较大的情况,那么在钻削薄壁零件过程中就更容易发生轴线偏斜,以至于影响产品的加工质量,严重时会导致偏差较大致使零件报废。MATLAB 作为一个功能比较强大且操作简单方便的仿真软件,在科学研究和工程开发等众多领域有着广泛的运用。为此,先利用得到的枪钻的钻削力数学模型计算出钻削 45♯钢的钻削力,再将结果和以往文献的数据对比来证明该力学模型的合理性和正确性,然后借助 MATLAB 数值计算和仿真的功能,研究枪钻加工过程中的钻削力和扭矩分别与刀具后角、齿宽、余偏角和进给量的关系,最后通过综合分析刀具后角、齿宽、余偏角和进给量对钻削力和转矩的影响规律,对枪钻的优化设计提供有重要价值的参考。

2.3.1 实例计算

试验中选取枪钻钻头和导向条的材料均为硬质合金 K20,钻杆和钻柄的材料为 40♯中碳钢,公称直径 D 为 11 mm。工件的材料为 45♯钢,屈服强度 $\sigma_b = 355$ MPa,硬度 $H_B = 220$ HB,剪应力 $\tau_c = 45$ MPa。表 2-1 和表 2-2 分别给出了枪钻钻头的主要几何结构参数和相关钻削工艺参数。

表 2-1 枪钻的主要结构参数

直径 D	槽形角 γ	外角 β_1	内角 β_2	外刃第一后角 α_{11}	内刃后角 α_3	外切削刃宽度 B_1	内切削刃宽度 B_2	导向条1与切削刃间夹角 θ_1	导向条2与切削刃间夹角 θ_2
6 mm	110°	30°	20°	10°	10°	1.5 mm	1.5 mm	180°	87°

表 2-2 枪钻的钻削参数

转速 n	进给量 f	滑动摩擦系数 μ
1 800 r/min	28 mm/min	0.02

将以上各参数代入式(2-16)可求解得到枪钻加工的钻削力和扭矩,如表 2-3 所列。

表 2 - 3　钻削力和扭矩的数值结果

总轴向力 $\sum F_a$	总扭矩 $\sum M$	内、外刃的轴向力之和 F_a'	内、外刃的径向力之差 F_r'	内、外刃的扭矩之和 M'
331.24	0.72 N·m	309.68 N	35.26 N	0.65 N·m

从表 2 - 3 可得,内、外刃产生的轴向力之和约为总轴向力的 93%,则导向条所产生的轴向力约为总轴向力的 7%,内、外刃产生的钻削扭矩约为总扭矩的 90%。内刃与外刃产生的径向力之差约为 35 N,参考在文献[14]中不同进给量下枪钻切削实验所测得的切削分力的曲线图,该实例计算得到的外刃与内刃径向力差值合理。

只有当内刃和外刃的径向力之差在合理的范围内,才能够使导向条充分发挥作用,加工出高质量的深孔。如果径向力之差过大,容易使钻孔偏斜,不仅加快了枪钻导向条的磨损,还会导致加工过程中颤振的产生。若径向力之差过小,则工件和钻头之间的挤压转矩比较小,会使孔加工精度降低,同时也不能保证孔的圆度和直线度等质量要求。若内刃的径向力大于外刃的径向力,将会引起扩孔现象及圆柱刃的疲劳磨损。因此在枪钻的设计制造过程中必须避免这种情况的发生。

然而,在实际深孔加工过程中,切削刃上的轴向力、导向条与孔壁的摩擦力以及切削液的轴向压力均是动态的,则刀具所受到的总的轴向力也是动态变化的。由参考文献[14]可知,切削液在钻削过程中所产生的轴向压力可看作一个常量,导向条上产生的轴向力约为总轴向力的 12.3%。文献[14]中的实验结果比上述数值计算(见表 2 - 3)所得导向条所产生的轴向力略大,出现这种情况可能有以下几个方面的原因:

① 实例中的后刀面严重磨损,导致刀具不锋利,使得后刀面与切削挤压面积增大,从而使切削刃产生的轴向力增大。

② 随着钻削深度的不断增加,刀具的磨损程度加剧,从而导致刀尖圆弧半径增大,而刀具变钝最终会引起轴向力的增加。

③ 钻削时工艺参数如转速或进给量等过大,加剧了钻头的磨损而使轴向力增大。

2.3.2　钻削力与刀具后角的变化规律

枪钻后角的存在可以有效地减小在钻削过程中后刀面和工件间的摩擦,枪钻后角的大小不仅影响作用在后刀面上的力的大小,还关系到切削液能否顺利地抵达切削区,对切削位置冷却润滑,所以,后角的大小直接关系着钻头的寿命和加工质量。根据不同的被加工材料和进给量,枪钻的外刃第一后角 α_{11} 和内刃后角 α_3 的取值范围一般为 $5°\sim15°$,轴向力与二者的关系如图 2 - 7~图 2 - 10 所示。

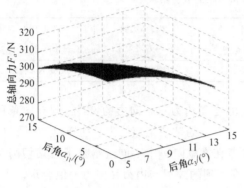

图 2－7　总轴向力与 α_{11}、α_3 的关系图

图 2－8　总轴向力与 α_{11} 的关系图

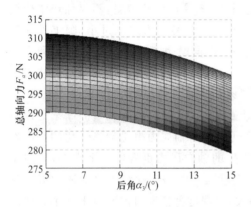

图 2－9　总轴向力与 α_3 的关系图

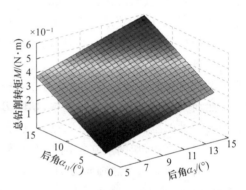

图 2－10　总转矩与 α_{11}、α_3 的关系图

　　刀具后角的作用是避免后刀面与工件产生摩擦,后角大小决定了刀具的强度、散热性和抗冲击性。后角大小的选择是影响枪钻切削性能的一个重要因素,后角过大,影响钻头的强度,比较容易崩刃;若后角过小,则不利于钻削的正常进行。由图 2－7~图 2－10 可知,总轴向力随着刀具的后角 α_{11} 和 α_3 的增大而减小,但是后角 α_{11} 对轴向力的影响更明显一些。转矩随着后角的增加而增大。整体比较,后角对转矩的影响比轴向力大一些。

2.3.3　钻削力与刀具齿宽的变化规律

　　一般市售的枪钻外刃宽度 B_1 和内刃宽度 B_2 相等,本书研究的枪钻 $D=11$ mm,$B_1=B_2=D/4=2.75$ mm。在实际加工中,用户会根据材料的不同,将外刃宽度 B_1 和内刃宽度 B_2 刃磨得不相等。下面通过仿真分析来研究它们对钻削力的影响,将 B_1 和 B_2 取为 2~5 mm,轴向力与它们的关系如图 2－11~图 2－14 所示。

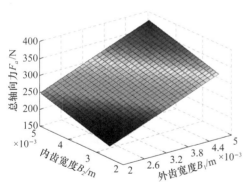

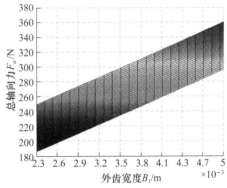

图 2 - 11　总轴向力与齿宽 B_1、B_2 的关系图　　　**图 2 - 12　总轴向力与齿宽 B_1 的关系图**

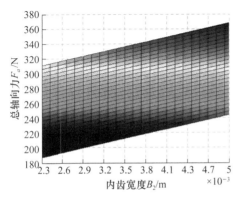

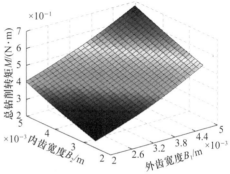

图 2 - 13　总轴向力与齿宽 B_2 的关系图　　　**图 2 - 14　总转矩与 B_1、B_2 的关系图**

　　枪钻的外刃承担了主要的切削任务,由于内刃和外刃的存在,会产生内刃和外刃上径向力不对等的问题。由枪钻的自导向原理可知,枪钻外刃径向力必须大于内刃的径向力,因为这时候二者径向力之差将会作用在切削刃对侧已加工的孔壁,这使得导向条的圆柱面与其紧密接触,这样便会对钻头起定心和导向的作用,从而保证钻头不自动走偏。由径向力公式(2-14)计算可知,当齿宽 B_1 大于 2.3 mm 时可知径向力为正值,由图 2 - 11~图 2 - 14 可以得出,总轴向力和转矩随着齿宽 B_1 和 B_2 的增大而增大,B_1 取为 2.3~4 mm,如果齿宽太大,则轴向力和转矩过大,会影响枪钻的使用寿命。

2.3.4　钻削力与刀具余偏角的变化规律

　　枪钻的外刃余偏角 β_1 和内刃余偏角 β_2 是影响切屑形态和加工精度的主要因素,同时也是决定枪钻的稳定性和刀具寿命的重要因素。β_1 和 β_2 的大小分别决定了内刃的切削长度和外刃的切削长度,其中外刃在钻削过程中担任主要的切削任务。

内、外余偏角和刀尖后角的大小决定了枪钻钻尖的强度。

余偏角的大小影响切削力分配、切削宽度、切削变形和断屑状况,根据被加工工件材料和精度要求的不同,一般枪钻内刃余偏角 β_1 的范围为 $5°\sim45°$,外刃余偏角 β_2 的范围为 $5°\sim35°$,通过仿真分析得到枪钻总的轴向力和总的钻削转矩与刀具余偏角的关系如图 2-15～图 2-18 所示。

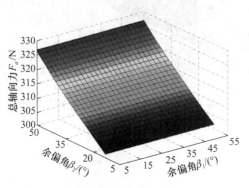

图 2-15　总轴向力与余偏角 β_1、β_2 的关系图

图 2-16　总轴向力与余偏角 β_1 的关系图

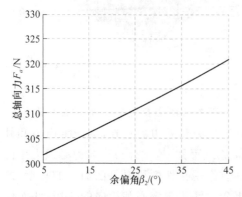

图 2-17　总轴向力与余偏角 β_2 的关系图

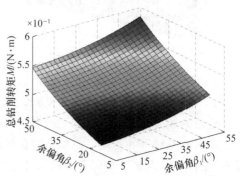

图 2-18　总转矩与余偏角 β_1、β_2 的关系图

由图 2-15～图 2-18 可以得出,枪钻的轴向力随着 β_2 的增大而增大,而受 β_1 的影响很小,二者角度的增大都会使得总钻削转矩增大。由枪钻的径向力公式(2-14)计算得到,当 β_2 大于 $35°$ 时,枪钻的内刃产生的径向力大于外刃产生的径向力,这样便无法保证枪钻的自导向功能,必须使得 β_2 的值小于 $35°$ 从而保证枪钻的加工精度。

2.3.5　钻削力与进给量的变化规律

由于枪钻的钻杆为中空管件,刚度比较小,进给量设为 $15\sim35$ mm/min,由于进给量比较小,切屑很薄,所以在不断屑的情况下枪钻也能够实现连续排屑。轴向力和进给量的关系如图 2 - 19 和图 2 - 20 所示。

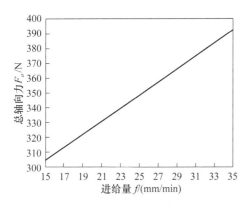

图 2 - 19　总轴向力与进给量 f 的关系图

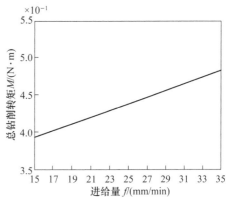

图 2 - 20　总转矩与进给量 f 的关系图

当加工材料为钢材时,进给量越大会使积屑瘤也越大,要根据加工材料和精度要求的不同选择合适的进给量。由图 2 - 19 和图 2 - 20 可知,枪钻的总轴向力与总钻削转矩随着进给量的增加而线性递增,在钻削过程中,进给量对轴向力的影响比对钻削转矩大一些。综合考虑枪钻轴向力和转矩两个因素,进给量不能选择得过大,否则会由于轴向力的过大而加剧刀具磨损和崩刃等不良现象。

2.4　基于遗传算法的刀具结构参数优化

优化刀具结构参数的首要步骤是要确立优化的目标。比较常见的有最少的加工时间、最小的刀具磨损、最小的轴向力以及最低的粗糙度等优化目标。大多数优化的情况都是对单一目标进行分析优化,因为切削加工过程中存在着一定的矛盾性,例如当增加刀具的切削速度时,在提高加工材料的去除率的同时会增加切削区域的温度和刀具磨损的速度,所以不可能满足所有的最优条件。因此本书的优化目标为多目标函数,找出最优的刀具结构参数,对实际生产加工有重要的参考价值。

本书把枪钻的外角、内角和切削刃宽度作为研究的优化变量,以刀具内外切削刃切向力和转矩两个因素作为多目标优化函数,联立相对应的多个约束条件,建立刀具角度参数的优化模型,然后利用应用广泛的分析计算和仿真软件 MATLAB,采用多目标遗传算法计算建立的优化模型,最后求出相应的刀具结构参数的最优组合。

遗传算法的运算流程图如图 2 - 21 所示。

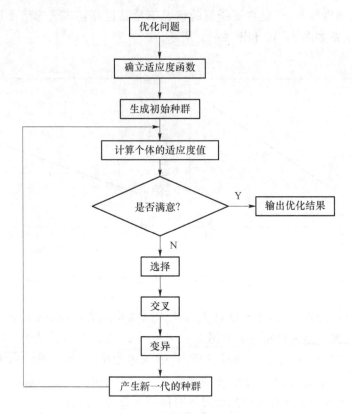

图 2-21　遗传算法的运算流程图

2.4.1　确定优化变量

在枪钻结构参数的优化问题中,首先要确定研究的优化目标变量。在本书中,选取刀具外角 β_1、内角 β_2、外切削刃宽度 B_1 和内切削刃宽度 B_2 作为优化的目标变量。通过优化刀具结构参数,尽量降低内外切削刃的径向力之差,减小内外切削刃切向力和转矩,这样可以改善刀具的受力情况,提高钻削性能,从而进一步提高加工精度和质量。

2.4.2　建立优化目标函数

建立目标函数是为了用数学表达式对加工效率或者加工质量进行衡量,选出更优的研究变量的取值,从而获得更好的加工方案。比较常见的与加工参数相关的优化目标有:最低的加工成本、最小的切削力、最低的切削温度以及最高的加工效率等。本书确定的优化目标是:内外切削刃的切向力和转矩,原则上是在枪钻内角、外

26

角以及内外切削刃宽度等参数的约束范围内,使得内外切削刃的切向力和总转矩最小。

① 最小内外切削刃切向力:$\min F'_t(\beta_1,\beta_2,B_1,B_2)$。

通过本章内容可知内外切削刃切向力表达式为

$$F'_t = f \cdot U_c \cdot D + \sigma_b \cdot V_B \left[\frac{B_1}{\cos\beta_1}(\mu\cos\alpha_{11} - \sin\alpha_{11}) + \frac{B_2}{\cos\beta_2}(\mu\cos\alpha_3 - \sin\alpha_3) \right] - $$
$$H_B \cdot r' \left[\frac{B_1}{\cos\beta_1}\left(\sin\frac{\alpha_{11}}{2} - \cos\frac{\alpha_{11}}{2}\right) + \frac{B_2}{\cos\beta_2}\left(\sin\frac{\alpha_3}{2} - \cos\frac{\alpha_3}{2}\right) \right]$$

② 最小转矩:$\min M(\beta_1,\beta_2,B_1,B_2)$。

通过本章内容可知总转矩表达式为

$$M' = \frac{B_1}{\cos\beta_1}\left(B_1 + \frac{B_1}{2}\right)\left[\sigma_b \cdot V_B(\mu\cos\alpha_{11} - \sin\alpha_{11}) - H_B \cdot r'\left(\sin\frac{\alpha_{11}}{2} - \cos\frac{\alpha_{11}}{2}\right)\right] + $$
$$f \cdot U_c \cdot B_1 + B_2^2 + \sigma_b \cdot V_B \frac{B_2}{\cos\beta_2}(\mu\cos\alpha_3 - \sin\alpha_3) - $$
$$H_B \cdot r' \frac{B_2^2}{\cos\beta_2}\left(\sin\frac{\alpha_3}{2} - \cos\frac{\alpha_3}{2}\right)$$

在确定优化目标函数时,可通过约束条件对目标函数中的变量进行约束,确定其中一个函数作为主函数之后,可以利用其余的函数作为约束条件。

① 将内外切削刃的切向力设定为主函数:

$$\begin{cases} \min F'_t(\beta_1,\beta_2,B_1,B_2) \\ \text{s. t.} \\ M(\beta_1,\beta_2,B_1,B_2) \leqslant M_{\max} \end{cases} \qquad (2\text{-}29)$$

② 将总转矩设定为主函数:

$$\begin{cases} \min M(\beta_1,\beta_2,B_1,B_2) \\ \text{s. t.} \\ F'_t(\beta_1,\beta_2,B_1,B_2) \leqslant F'_{t_{\max}} \end{cases} \qquad (2\text{-}30)$$

2.4.3　约束条件

枪钻钻头结构相对比较复杂,并且枪钻的钻削环境是密闭的,影响钻削过程的因素相对比较多,通过优化刀具外角、内角和内外切削刃宽度来提高刀具的钻削性能,可以从以下几个方面建立约束条件:

① 通过本章中刀具角度参数对力和转矩的影响规律分析,得到内外角的取值范围,并且通过减小内外切削刃的径向力之差得到内外角的关系式为 $\beta_1 - \beta_2 = 5°$,在加工 45♯ 钢等容易切削的材料时,外角的范围一般为 $20°\sim30°$,因此刀具内外角之间的约束关系如下:

$$\begin{cases} 20° \leqslant \beta_1 \leqslant 30° \\ \beta_1 - \beta_2 = 5° \end{cases} \tag{2-31}$$

② 本章分析研究了刀具内外切削刃的宽度对于钻削力和转矩的影响规律,在大多数常见的加工材料中,外切削刃宽度的取值范围是 $D/5 \leqslant B_1 \leqslant D/4$,即 $1.2\ \text{mm} \leqslant B_1 \leqslant 1.5\ \text{mm}$,同时内外切削刃的宽度满足条件 $B_1 + B_2 = D/2$,即 $B_1 + B_2 = 3\ \text{mm}$,所以刀具内外切削刃宽度之间的约束关系如下:

$$\begin{cases} 1.2\ \text{mm} \leqslant B_1 \leqslant 1.5\ \text{mm} \\ B_1 + B_2 = 3\ \text{mm} \end{cases} \tag{2-32}$$

2.4.4 模型求解与分析

在 MATLAB 软件中,遗传算法函数 ga 应用得相对比较多,由于 MATLAB 软件中的函数不断升级与优化,使得该函数在稳定性、可靠性以及通用性等很多方面均有较大的提升,因而利用 ga 函数可以有效地解决传统方法无法处理的复杂非线性问题。通过 ga 函数可计算出函数最小值点,另外 ga 函数能定义较多的参数,该函数调用格式为

$$[x, fval, exitflag] = ga(fitnessfcn, nvars, A, b, Aeq, beq, LB, UB, nonlcon, options)$$

表 2 - 4 为遗传算法函数 ga 的输入/输出参数注释,option 代表的是一个结构体,里面包括优化选项,如果需要修改其中的优化选项,可以通过 gaoptimset 函数修改其中的默认值。

表 2 - 4 函数 ga 的输入/输出参数注释

输入/输出参数	注 释
fitnessfcn	目标函数
nvars	优化变量的数量
A,b	线性不等式的约束:Ax≤b
Aeq,beq	线性等式的约束:Aeq≤beq
LB,UB	优化变量的变化范围:LB≤x≤UB
nonlcon	非线性的约束函数
options	包含优化选项的结构体
x	计算的最优解
fval	最优解对应适应度函数的值
exitflag	返回一个数值代表迭代计算终止的原因

计算的最终结果如表 2 - 5 所列。

表 2 - 5　刀具结构参数优化结果

目标函数	外角 β_1	内角 β_2	外切削刃宽度 B_1	内切削刃宽度 B_2
以切向力为主目标函数	20.000 0°	14.999 1°	1.350 1 mm	1.648 9 mm
以总转矩为主目标函数	20.000 5°	15.000 5°	1.348 0 mm	1.651 0 mm

通过上面的遗传算法计算结果可以得知,通过两个目标函数得到的优化结果相似,因此选取优化后的刀具结构参数的组合分别为:$\beta_1=20°$,$\beta_2=15°$,$B_1=1.35$ mm,$B_2=1.65$ mm。

2.5　轴承座深孔加工刀具优化试验研究

为验证刀具优化设计的有益性,本次试验面向轴承座底部油气进给孔深孔加工。轴承座材料为机械性能比较好的 45♯钢,油气进给孔的直径为 $\Phi6$ mm,孔的长度为 1 260 mm,由于本次加工的孔的长径比较大,并且孔周围壁厚不同,孔轴线向薄壁方向偏斜比较突出,从而使得轴承座上油气进给孔的进出口偏差比较大,甚至会导致加工工件的报废,通过优化前后的枪钻分别进行加工试验,然后对加工后的成品进行对比分析,测量进出口的偏斜程度。轴承座的示意图如图 2 - 22 所示。

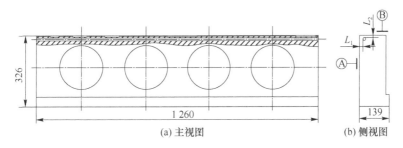

(a) 主视图　　　　(b) 侧视图

图 2 - 22　轴承座示意图

由图 2 - 22 可知,轴承座的高为 326 mm,宽为 139 mm,在侧视图中可以得知轴承座左侧面和顶面为基准平面,分别用 A 和 B 来表示,该孔要求一次性加工完成。利用优化前后的枪钻分别加工油气进给孔,对二者加工后的孔轴线偏差对比分析。

可以通过测量入口和出口孔壁左侧和上侧距离基准面 A 和 B 的距离来推算孔的轴线偏差。用 L_{R1} 表示入口处孔壁距离 A 基准面的最短距离,用 L_{R2} 表示入口处孔壁距离 B 基准面的最短距离,用 L_{C1} 表示出口处孔壁距离 A 基准面的最短距离,用 L_{C2} 表示出口处孔壁距离 B 基准面的最短距离,$L_{R1}-L_{C1}$ 表示 x 方向的偏差,$L_{R2}-$

L_{C2}表示 y 方向的偏差。

本次加工试验利用的机床设备为精准深孔钻机床 DH - 1300,该机床能够加工许多精密零部件、热流道以及模具顶针孔等。该深孔钻机床配备有一台钻头研磨机,在枪钻密闭的加工环境中,刀具非常容易磨损变钝,此时可以利用钻头研磨机对刀具重新刃磨来提升刀具的使用寿命。另外,还可以通过刃磨枪钻钻头的方式来改变钻头的结构参数,试验加工采用的机床如图 2 - 23 所示。

首先确定轴承座的两个基准平面,然后在工作台上装夹轴承座工件,按照深孔钻的切削用量表和加工经验来设置加工参数,本次加工试验枪钻的转速设置为 2 000 r/min,进给速度设置为 0.03 mm/r,冷却压力设置为 35 bar。分别用优化前后的枪钻加工 4 个工件,加工后的轴承座如图 2 - 24 所示。

图 2 - 23　深孔钻机床　　　　　　图 2 - 24　加工后的轴承座

在轴承座工件加工完成后,分别对优化前枪钻加工的 4 个轴承座进行测量,为了使测量的结果更加准确,在每一组数据测量时均测量 3 次,最后取测量的平均值,计算出孔的轴线偏差。枪钻优化前加工的轴承座测量计算结果如表 2 - 6 所列。

表 2 - 6　优化前测量计算结果

mm

序号	实际测量值				测量平均值				轴线偏斜	
	L_{R1}	L_{R2}	L_{C1}	L_{C2}	$\overline{L_{R1}}$	$\overline{L_{R2}}$	$\overline{L_{C1}}$	$\overline{L_{C2}}$	x 轴偏斜	y 轴偏斜
1	13.48	9.60	12.02	7.98	13.47	9.62	12.07	7.98	1.40	1.64
	13.40	9.68	12.06	8.02						
	13.52	9.58	12.14	7.94						
2	13.54	9.58	12.12	7.96	13.58	9.59	12.16	7.97	1.42	1.62
	13.62	9.64	12.20	8.02						
	13.58	9.56	12.16	7.94						

续表 2 - 6

序号	实际测量值				测量平均值				轴线偏斜	
	L_{R1}	L_{R2}	L_{C1}	L_{C2}	$\overline{L_{R1}}$	$\overline{L_{R2}}$	$\overline{L_{C1}}$	$\overline{L_{C2}}$	x 轴偏斜	y 轴偏斜
3	13.62	9.62	12.20	8.06	13.63	9.67	12.25	8.10	1.38	1.57
	13.60	9.72	12.24	8.14						
	13.68	9.68	12.30	8.10						
4	13.48	9.62	12.02	8.06	13.52	9.68	12.09	8.09	1.43	1.59
	13.52	9.70	12.12	8.12						
	13.56	9.72	12.14	8.08						

同理,对优化后枪钻加工的轴承座进行测量计算,测量计算结果如表 2 - 7 所列。

表 2 - 7　优化后测量计算结果　　　　　　　　　　　　　mm

序号	实际测量值				测量平均值				轴线偏斜	
	L_{R1}	L_{R2}	L_{C1}	L_{C2}	$\overline{L_{R1}}$	$\overline{L_{R2}}$	$\overline{L_{C1}}$	$\overline{L_{C2}}$	x 轴偏斜	y 轴偏斜
1	13.50	9.58	12.24	8.20	13.47	9.53	12.23	8.16	1.24	1.37
	13.42	9.52	12.18	8.16						
	13.48	9.48	12.26	8.12						
2	13.46	9.52	12.22	8.12	13.47	9.57	12.26	8.13	1.21	1.44
	13.42	9.58	12.30	8.18						
	13.52	9.60	12.26	8.10						
3	13.62	9.54	12.32	8.18	13.61	9.60	12.35	8.19	1.26	1.41
	13.64	9.66	12.34	8.24						
	13.58	9.60	12.38	8.16						
4	13.58	9.62	12.36	8.24	13.63	9.59	12.41	8.20	1.22	1.39
	13.62	9.58	12.46	8.20						
	13.68	9.56	12.40	8.16						

通过表 2 - 6 和表 2 - 7 得出轴承座油气进给孔的轴线偏差之后,为了能够更加直观地对比优化前后枪钻的加工质量,可以将 x 和 y 方向的轴线偏斜量绘制成折线图,不同编号油气进给孔在 x 与 y 方向的轴线偏斜量的折线图分别如图 2 - 25 和图 2 - 26 所示。

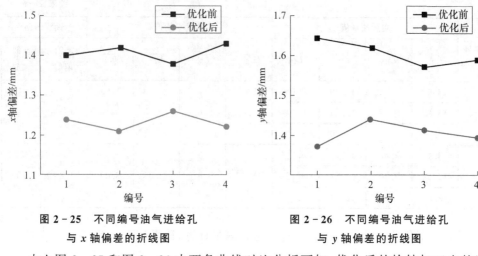

图 2-25　不同编号油气进给孔　　　　图 2-26　不同编号油气进给孔
　　　　与 x 轴偏差的折线图　　　　　　　　　与 y 轴偏差的折线图

由上图 2-25 和图 2-26 中两条曲线对比分析可知,优化后的枪钻加工出的油气孔的进出口与 x 轴和 y 轴方向的偏差曲线均位于下方,结构优化后的枪钻减小了孔的轴线偏差,提高了零件的加工精度,这是由于优化了枪钻的角度和内外切削刃宽度以后,枪钻径向方向的受力减小,从而在加工的过程中使得孔的轴线向孔薄壁方向的偏差有所减小。

2.6　小　　结

本章首先详细讲述了枪钻的加工原理和钻头的几何结构,在二元直角切削模型的基础上将刀具内外刃分解成为微刀具,然后建立枪钻静态微元钻削模型,通过微外刃和内刃的积分求解得到了枪钻轴向力、径向力和转矩的表达式。这样求解枪钻的钻削力将会更加接近实际值,并经数值计算验证了微元钻削模型的合理性。最后通过数值分析研究了刀具后角、齿宽、余偏角和进给量对枪钻总轴向力和总钻削转矩的影响规律,在优化变量的相应约束条件下,通过仿真分析软件 MATLAB 中的遗传算法对建立的目标函数进行求解,得到了刀具参数的优化数据。由数值分析得出的结论可以总结为以下 5 点:

① 总轴向力随着刀具的外刃第一后角 α_{11} 和内刃后角 α_3 的增大而减小,但是后角 α_{11} 对总轴向力的影响更明显一些。转矩随着后角的增加而增大。整体比较,后角对转矩的影响比轴向力更大。

② 总轴向力和转矩随着齿宽的增大而增大,取 B_1 范围为 2.3~4 mm,如果齿宽太小,径向力小于零,不能保证枪钻的自导向功能;如果齿宽太大,则轴向力和转矩过大,会影响枪钻的使用寿命。

③ 枪钻的轴向力随着内刃余偏角 β_2 的增大而增大,而受内刃余偏角 β_1 的影响

较小。

④ 枪钻的总轴向力与总钻削转矩随着进给量的增加而线性递增,在钻削过程中,进给量对轴向力的影响比钻削转矩稍大一些。

⑤ 通过遗传算法优化后的刀具结构参数的组合分别为:$\beta_1 = 20°$,$\beta_2 = 15°$,$B_1 = 1.35$ mm,$B_2 = 1.65$ mm。此组合可以使得内外切削刃的切向力和总转矩最小。

第3章 枪钻钻削孔圆度误差
影响规律及试验研究

圆度作为衡量深孔加工质量的重要指标,特指加工孔的任意截面上最大轮廓与最小轮廓之间的差值。深小孔加工中最终获得的孔的圆度是指孔的形状公差,也就是孔的截面与理论圆的接近程度,其大小为同一截面中孔的最大与最小极限直径差值的一半。随着科学技术的进步,深小孔的加工向着高精度的方向发展,所允许的孔圆度误差就相应地变小。圆度对零件的使用性能影响巨大,且对于装配用的深孔零件而言,圆度的好坏直接影响装配的质量,较差的圆度形貌需要后续工序对深孔零件进行加工以达到装配要求,大大降低了加工效率。因此,为了满足装配制造业对加工质量和加工效率不断提升的要求,有必要对深孔加工中圆度误差的形成原理、影响因素以及优化方法进行更为深入的研究。

由于枪钻深孔加工过程处于封闭环境,加工过程中很难对加工状况进行检测和控制。而且,工件、主轴及刀具的随机颤振以及涡动等复杂的加工影响因素都会影响到最终孔的形成。本章将通过对圆度误差的形成机理进行分析,建立各加工条件与圆度误差的关系方程,构建相应的分析模型,并产生数值计算和预测结果。基于单一变量的思想进行钻孔实验,研究各因素对圆度误差的影响,并与模型分析结果比较。基于响应曲面的思想构建多因素对圆度误差的综合影响模型,确定最佳加工条件。

3.1　圆度误差形成机理

圆度是检验孔质量的一个重要指标,表示孔在某一截面上的轮廓接近理想圆的程度[117]。在加工过程中,由于枪钻较大的长径比所引起的弱刚性,钻杆易发生振动和偏移,就会产生加工圆度误差[54]。如图3-1所示,圆度误差在数值上表示为外切圆与内接圆的差。而圆度误差的主要表现形式就是在加工的孔截面上形成的相间隔的凸角。

在枪钻深孔加工过程中存在两种振动形式,分别是颤振和涡动,颤振是指枪钻系统的转动频率接近和高于其固有频率的情况下的自激振动。虽然颤振对于加工质量的影响不可忽视,但是在圆度误差生成的过程中,钻杆的涡动才是导致圆度形貌发生变化的主要原因,涡动是指钻杆在钻削过程中由于自身的惯性及不平衡扰动的作用,使钻杆偏离原来的轴线中心,但钻杆依然绕自身轴线旋转,同时转子还绕着初始轴线旋转运动。在实际加工的过程中,切割速度很小甚至没有颤振的情况下,也会有凸角出现在孔的轮廓上[55]。

如图 3-2 所示,由于钻杆的涡动,在孔的截面上会产生伴随与钻杆涡动相对应的圆度轮廓。也就是说,钻杆的扰动可以复映出相同凸角个数的圆度形貌。例如,图 3-2 中钻杆的扰动轨迹是由 5 个凸角的闭合曲线构成,则最终产生的圆度轮廓也是拥有 5 个凸角的封闭曲线[56]。

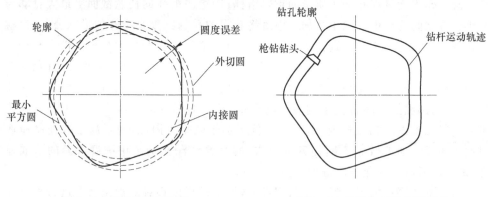

图 3-1　圆度误差示意图　　　　　　图 3-2　枪钻加工的误差复映

3.1.1　圆度误差形貌模型

为描述钻杆的回转误差运动对钻孔圆度误差的影响,建立了一种枪钻钻孔的圆度轮廓模型。图 3-3 所示是在考虑钻杆回转误差的情况下钻孔的产生模型。圆的凸角轮廓是定义在指定平面上的工件内部的轮廓线,并且该圆度轮廓垂直于孔轴线的任意平面。如果深孔钻的钻杆在加工过程中有回转误差,在切削初始状态下,会出现通过中心的不规则的交叉和偏移,但是在连续的旋转状态下会逐渐趋于稳定,最后呈现圆形或者椭圆形路径稳定旋转。

图 3-3 中,O_c 是钻孔截面的绝对中心,而 O_i 是枪钻钻头在某一时刻的瞬时中心,钻杆按照一个谐波圆做绕动。用 $R_a(t,\theta)$ 表示钻杆以频率为 ω_a 做绕动的圆形轨迹的半径,可以写成从 O_c 到 O_i 的矢量 $\overrightarrow{O_cO_i}$,表达式如下:

$$\overrightarrow{R_a(t)} = x + \mathrm{j}y = R_a(t,\theta)\mathrm{e}^{(\omega_a t + \phi_a)\mathrm{j}} \tag{3-1}$$

其中,j 表示虚部,$x = R_a(t,\theta)\cos(\omega_a t + \phi_a)$,$y = R_a(t,\theta)\sin(\omega_a t + \phi_a)$。

T_p 是枪钻钻头在 x 轴方向上所能切削到的边缘位置,它是由钻杆的回转误差和固定不良导致的幅度为 $R_w(t)$ 的工件振动引起的。在图 3-3 中,O_i 到 T 的距离 $\overrightarrow{O_iT}$

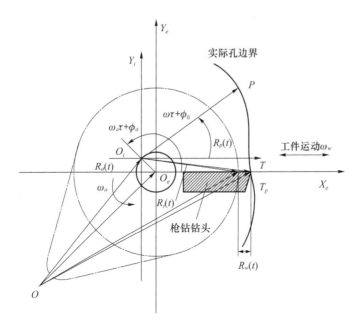

图 3-3　枪钻钻杆回转误差引起的凸角圆度形貌模型

用 $R_1(t)$ 表示，O_i 和 T_p 之间的距离 $\overrightarrow{O_iT_p}$ 用 $R_p(t)$ 表示。在加工过程中，枪钻以 O_i 为旋转中心，$R_p(t)$ 为半径，ω_a 为转动频率转动。而在钻杆有回转误差的情况下，枪钻加工出的孔的形貌与钻杆绕动的轨迹相对应。此外，T_p 的实际位置还与工件在 x 轴方向上的低频振动有关。所以，圆度的最终形貌是钻杆绕 O_c 的转动和工件在 x 轴方向上的低频振动共同作用的。那么枪钻加工孔轮廓方程可以总结如下：

$$\overrightarrow{R_1(t)} = \overrightarrow{R_a(t)} + \overrightarrow{R_p(t)}$$
$$= R_a(t)\mathrm{e}^{(\omega_a t + \phi_a)\mathrm{j}} + R_p(t)\mathrm{e}^{(\omega_\omega t + \phi_a)\mathrm{j}} \tag{3-2}$$

其中

$$\overrightarrow{R_1(t)} = \overrightarrow{OT} - \overrightarrow{OO_i}$$
$$\overrightarrow{R_a(t)} = \overrightarrow{OO_i} - \overrightarrow{OO_c}$$
$$\overrightarrow{R_p(t)} = \overrightarrow{OT_p} - \overrightarrow{OO_i}$$

$$R_p(t)^2 = [R + R_\omega(t)\cos(\bar{\omega}_\omega t + \phi_\omega) - R_a(t)\cos(\bar{\omega}_a t + \phi_a)]^2 + R_a^2(t)\sin^2(\bar{\omega}_a + \phi_a) \tag{3-3}$$

枪钻旋转一周后，切削刃上的任一位置与上一次旋转后在同一平面内的相同位置重合，则该圆度轮廓闭合，表达式如下：

$$\overrightarrow{R_1(t)} = \overrightarrow{R_1(t + \Delta t)}, \quad \Delta t = 2\pi/\bar{\omega} \tag{3-4}$$

如果位置不重合，则圆度轮廓不闭合。但是如果 $f_a(\omega_a/2\pi)$ 和 $f_\omega(\omega_\omega/2\pi)$ 的值是整数，则圆度轮廓也会闭合。圆度轮廓的表达式为

$$R_1(t) = |\overrightarrow{r_1(t)}| \tag{3-5}$$

通过离散傅里叶变换,可以在频域内计算式(3-5)为

$$R_1(f_k) = \frac{1}{N} \sum_{i=0}^{N-1} |\overrightarrow{r_1(t)}|_i \exp\left(-\mathrm{j}\,\frac{2\pi}{N} f_k i\right) \tag{3-6}$$

其中,N 表示取样的数量;f_k 表示凸角的个数$(0,1,\cdots,n-1)$;$|\overrightarrow{r_1(t)}|$ 表示第 i 个样本的振幅;$R_1(f_k)$ 表示有 n 个凸角的圆度轮廓的幅值;j 表示复数虚部。

根据式(3-6)的离散形式,可以得出在固有频率为 f_a、f_ω 或 f_a/f_ω 取不同值的条件下生成圆度轮廓凸角的情况。

3.1.2　圆度误差数值分析模型

图 3-4 所示是枪钻深孔加工系统的示意图。根据 Euler-Bernoulli 梁定理,对刀具系统进行研究,其中轴两端被固定,其余的支撑条件假设为简单支撑,系统的控制方程如下:

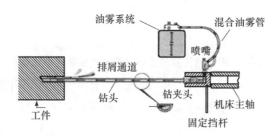

图 3-4　枪钻加工系统

$$EI\,\frac{\partial^4(\Delta R)}{\partial z^4} + \rho A\,\frac{\partial^2(\Delta R)}{\partial t^2} + \mathrm{j}2\omega\rho A\,\frac{\partial(\Delta R)}{\partial t} - \omega^2 \rho A(\Delta R) = 0$$

$$\Delta R = \sqrt{(\Delta x)^2 + (\Delta y)^2} \tag{3-7}$$

由式(3-7)可以得到一个钻杆随时间瞬态响应的齐次解,还可以得到一个描述钻削过程中稳定状态的非齐次解。因此,由下面的系统方程可知,钻杆的运动状态是钻削过程中必不可少的一部分:

$$EI\,\frac{\partial^4(\Delta R)}{\partial z^4} + \rho A\,\frac{\partial^2(\Delta R)}{\partial t^2} + \mathrm{j}2\omega\rho A\,\frac{\partial(\Delta R)}{\partial t} - \omega^2 \rho A(\Delta R) = f(z,t)\delta(z-l) \tag{3-8}$$

其中,$EI\,\dfrac{\partial^4(\Delta R)}{\partial z^4}$ 是回复力;$\rho A\,\dfrac{\partial^2(\Delta R)}{\partial t^2}$ 是惯性力;$\mathrm{j}2\omega\rho A\,\dfrac{\partial(\Delta R)}{\partial t}$ 是阻尼力;$\omega^2\rho A(\Delta R)$ 是离心力。E 表示钻杆的弹性模量;I 表示钻杆的转动惯性矩;ρ 表示钻杆的材质密度;A 表示钻杆的横截面积。

当式(3-8)描述的枪钻系统的径向运动方程受到径向激励力激发时,可以通过式(3-9)确定所加工孔的圆度是否变形:

$$\Delta R(z,t) = \sum \phi(z)q(t) \tag{3-9}$$

其中,$\phi(z)$ 是从齐次方程中得到的形函数,表示为

$$\phi_n(z) = c_1 \cosh(k_n z) + c_2 \sinh(k_n z) + c_3 \cos(k_n z) + c_4 \sin(k_n z) \tag{3-10}$$

其中,下标 n 是模态量;c_1,c_2,c_3 和 c_4 是常数;k_n 则是在第 n 个模态下的待定常数。对于一个两端固定的简支梁而言,它的梁特性可以表示为

$$\tan(k_n l) - \tanh(k_n l) = 0 \tag{3-11}$$

通过计算式(3-11)可以得到当 n 取不同值时 $k_n l$ 的值。将式(3-10)代入式(3-9)中,得到如下方程:

$$\Delta R(z,t) = \sum_{n=1}^{\infty} \big[q_1(t) \cosh(k_n z) + q_2(t) \sinh(k_n z) + q_3(t) \cos(k_n z) + q_4(t) \sin(k_n z) \big] \tag{3-12}$$

其中,$q_1(t)$、$q_2(t)$、$q_3(t)$ 和 $q_4(t)$ 是时间变量。根据式(3-12)可以推算出枪钻系统的动态径向偏转为

$$\Delta R(z,t) = \sum_{n=1}^{\infty} \left\{ 2k_n \left[\frac{q_6(t) \cos h(k_n l) \cos h(k_n z)}{2k_n l + \sin h(2k_n l)} + \right.\right.$$
$$\frac{q_7(t) \sinh(k_n l) \sinh(k_n z)}{\sinh(2k_n l) - 2k_n l} + \frac{q_6(t) \cos(k_n l) \cos(k_n z)}{2k_n l + \sin(2k_n l)} +$$
$$\left.\left. \frac{q_7(t) \sin(k_n l) \sin(k_n z)}{2k_n l - \sin(2k_n l)} \right] \right\} \tag{3-13}$$

通过式(3-13)可以比较精确地计算出枪钻系统的径向偏移,从而就可以预测在不同加工条件下孔的圆度误差[104]。由图 3-1 可知,圆度误差的数学表达式为

$$圆度误差 = \Delta_{\max} + |\Delta_{\min}| \tag{3-14}$$

$$\Delta_i = (R + \Delta R_i) - r - m\cos\theta_i - n\sin\theta_i$$

$$r = \sum_{i=1}^{k} \frac{1}{k}(R + \Delta R_i)$$

$$m = \sum_{i=1}^{k} \frac{2}{k}(R + \Delta R_i)\cos\theta_i$$

$$n = \sum_{i=1}^{k} \frac{2}{k}(R + \Delta R_i)\sin\theta_i \tag{3-15}$$

其中,ΔR_i 为旋转 θ_i 时钻杆系统的动态径向位移;r 为最小平方圆的半径;$\Delta_{\max}$ 为外切圆与最小平方圆之间的最大距离(Δ_i 的最大值);$\Delta_{\min}$ 为内接圆与最小平方圆之间的最小距离(Δ_i 的最小值);Δ_i 为旋转 θ_i 时最小平方圆的轮廓;k 为孔轮廓上等距点的数量。

圆度误差的数值理论预测可以通过式(3-13)计算出的系统动态径向偏差 ΔR_i 和式(3-14)、式(3-15)获得。

3.2　考虑质量偏心的圆度误差分析

由于枪钻深孔加工刀具的偏心结构与弱刚性,导致加工过程中极易出现钻杆的扰动,极大地降低了加工孔的圆度质量,影响零件的装配制造。为此,首先分析枪钻深孔加工中钻杆涡动与孔圆度之间的关系,通过改变刀具钻头材料,主动实现抑制振动,旨在一定程度上抑制涡动,从而改善深孔圆度形貌。

3.2.1　运动轨迹模型的建立

图 3-5 所示是枪钻钻杆在工件内部发生涡动时的示意图,钻杆内部为切削液,随着钻杆一同转动,钻杆结构上的特点和切削液的存在导致偏心质量的产生。由于切削液对钻杆的影响较小,故可将切削液与钻杆看作一个整体,则钻杆就分为线性刚体部分和非线性刚体部分,则枪钻系统在钻削时受到的弹性力可以表示为

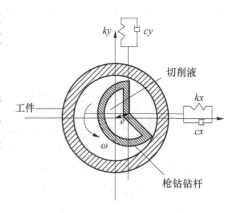

图 3-5　钻杆涡动示意图

$$\begin{cases} F_{Tx} = kx + \alpha k(x^2 + y^2)x \\ F_{Ty} = ky + \alpha k(x^2 + y^2)y \end{cases} \quad (3-16)$$

在图 3-5 中,假用 M 表示枪钻系统总质量,偏心质量为 m,e 为偏心距,则偏心距在 x、y 轴方向上的分量分别为 e_x 和 e_y,枪钻转动速度为 ω,c 表示枪钻系统的阻尼系数,分别用 x、y 表示钻杆发生涡动时,钻杆中心偏离理想原点的距离。根据达朗贝尔原理,可以推导出钻杆在钻削过程中,其 x、y 方向上的运动微分方程分别为

$$\begin{cases} Mx + m\dfrac{\mathrm{d}^2}{\mathrm{d}t^2}(x + e_x\cos\omega t - e_y\sin\omega t + cx + F_{Tx}) = 0 \\ My + m\dfrac{\mathrm{d}^2}{\mathrm{d}t^2}(y + e_x\sin\omega t - e_y\cos\omega t + cy + F_{Ty}) = 0 \end{cases} \quad (3-17)$$

将式(3.16)代入式(3.17)得

$$\begin{cases} Mx + m\dfrac{\mathrm{d}^2}{\mathrm{d}t^2}[x + e_x\cos\omega t - e_y\sin\omega t + cx + kx + \alpha k(x^2 + y^2)x] = 0 \\ My + m\dfrac{\mathrm{d}^2}{\mathrm{d}t^2}[y + e_x\sin\omega t - e_y\cos\omega t + cy + ky + \alpha k(x^2 + y^2)y] = 0 \end{cases} \quad (3-18)$$

经过整理,无外力施加时,钻杆的运动微分方程为

$$\begin{cases} Mx + cx + kx + \alpha k(x^2 + y^2)x = me_x\omega^2\cos\omega t - me_y\omega^2\sin\omega t \\ My + cy + ky + \alpha k(x^2 + y^2)y = me_x\omega^2\sin\omega t + me_y\omega^2\cos\omega t \end{cases} \quad (3-19)$$

在加工过程中,切削力和钻杆自身的重力都会影响钻杆的涡动轨迹,所以,根据达朗贝尔原理得到在切削力作用下,钻杆运动微分方程为[34]

$$
\begin{cases}
Mx + m\dfrac{\mathrm{d}^2}{\mathrm{d}t^2}[x + e_x\cos\omega t - e_y\sin\omega t + cx + kx + \alpha k(x^2 + y^2)x] + F_{径} = 0 \\
My + m\dfrac{\mathrm{d}^2}{\mathrm{d}t^2}[y + e_x\sin\omega t - e_y\cos\omega t + cy + ky + \alpha k(x^2 + y^2)y] + F_{周} + M = 0
\end{cases}
$$

(3-20)

根据径向切削力的表达式 $F_{径}=0.32K_s\cdot v\cdot a_p$,令 $k/M=\omega_0^2$ 表示枪钻系统的固有频率,令 $c/M=2\zeta\omega_0^2$,则可以将式(3-19)整理为

$$
\begin{cases}
x + 2\zeta\omega_0^2 x + \omega_0^2 x + \alpha\omega_0^2(x^2 + y^2)x = \dfrac{m}{M}(e_x\omega^2\cos\omega t - e_y\omega^2\sin\omega t) - \dfrac{0.32\,K_s va_p}{M} \\
y + 2\zeta\omega_0^2 y + \omega_0^2 y + \alpha\omega_0^2(x^2 + y^2)y = \dfrac{m}{M}(e_x\omega^2\sin\omega t - e_y\omega^2\cos\omega t) - \dfrac{K_s va_p}{M} + M
\end{cases}
$$

(3-21)

① 计算固有频率。

枪钻钻杆的固有频率与材料和结构有关: $\omega_0=\sqrt{\dfrac{k}{M}}$。表示刚度的 $k=\dfrac{48EI}{l^3}$,其中,E 为钻杆的弹性模量,l 表示钻杆长度。根据参考文献[33]可知,枪钻钻杆的惯性矩为

$$
I = \left(\frac{D^3 h}{8} - \frac{3D^2 h^2}{8} + \frac{h^3 D}{2} - \frac{h^4}{4}\right)\left(\frac{2}{3}\pi + \frac{\sqrt{3}}{8}\right) + \frac{1}{2}\left(\frac{D}{2} - h\right)^3 \tag{3-22}
$$

其中,$h=0.12D$ 表示壁厚。

本书以 $\phi11\times400$ mm 的枪钻进行计算,其他枪钻钻杆的主要参数如表 3 – 1 所列。

表 3 – 1　枪钻主要结构参数

E/MPa	G/MPa	ρ_z/(kg/m³)	ρ/(kg/m³)	h/mm	l/mm
214×10^3	82.9×10^3	7.85×10^3	0.865×10^3	1.32	400

表 3 – 1 中,E 表示钻杆的弹性模量;G 表示剪切模量;ρ_z 表示钻杆的密度;ρ 表示切削液的密度;l 表示钻杆长度。将表中数据代入式(3-21)与式(3-22)中,计算得到钻杆的固有频率为 0.15 Hz。

② 计算钻杆偏心距。

钻杆横截面图形如图 3 – 6 所示,图中 O' 为质心,e 为偏心距。

质心公式为

$$
\bar{x} = \frac{M_y}{M} = \frac{\displaystyle\sum_{i=1}^{n} m_i x_i}{\displaystyle\sum_{i=1}^{n} m_i}, \quad \bar{y} = \frac{M_x}{M} = \frac{\displaystyle\sum_{i=1}^{n} m_i y_i}{\displaystyle\sum_{i=1}^{n} m_i} \tag{3-23}
$$

当忽略输油孔时,钻杆整体质心的位置为

$$\begin{cases} x_1 = \dfrac{1}{A}\displaystyle\int_0^{\frac{2}{3}\pi} \mathrm{d}\theta \int_0^R \rho^2 \cos\theta \mathrm{d}\rho \\[3mm] y_1 = \dfrac{1}{A}\displaystyle\int_0^{\frac{2}{3}\pi} \mathrm{d}\theta \int_0^R \rho^2 \sin\theta \mathrm{d}\rho \end{cases} \tag{3-24}$$

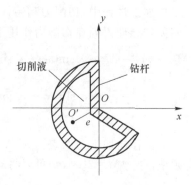

切削液　　钻杆

图 3 - 6　枪钻钻杆截面

其中,A 表示横截面面积。因为钻杆结构是对称形状,所以同理可得输油孔截面上质心的位置为

$$\begin{cases} x_2 = \dfrac{1}{A'}\displaystyle\int_0^{\frac{2}{3}\pi} \mathrm{d}\theta \int_0^{R-1} \rho^2 \cos\theta \mathrm{d}\rho - 1 \\[3mm] y_2 = \dfrac{1}{A'}\displaystyle\int_0^{\frac{2}{3}\pi} \mathrm{d}\theta \int_0^{R-1} \rho^2 \sin\theta \mathrm{d}\rho - \dfrac{2}{3}\sqrt{3} \end{cases} \tag{3-25}$$

其中,A' 表示输油孔横截面面积。将式(3-22)、式(3-23)和式(3-24)联立,并代入表 3 - 1 中的参数,计算得到钻杆在 x、y 方向上的偏心距 $e_x \approx 1.8\,\text{mm}$,$e_y \approx 0.3\,\text{mm}$。

3.2.2　枪钻转速对涡动轨迹的影响

通过对式(3-19)的计算,可以得到枪钻的涡动轨迹图,并可以分别计算出钻杆在 x、y 方向上的涡动幅值 d_x、d_y。根据式(3-25)便可计算出涡动半径的大小:

$$R_{涡动} = \sqrt{d_x^2 + d_y^2} \tag{3-26}$$

钻杆转速是影响涡动轨迹的重要条件,经过查询得知[20],$\Phi 11\,\text{mm}$ 枪钻深孔加工的转速取值范围为 $1\,200 \sim 2\,600\,\text{r/min}$,进给量的取值范围为 $24 \sim 52\,\text{mm/min}$。本节在进给量为 $50\,\text{mm/min}$ 的情况下,改变转速的取值,模拟出在不同转速下的涡动轨迹,并计算得到钻杆在 x、y 方向上的涡动幅值,如图 3 - 7~图 3 - 11 所示。

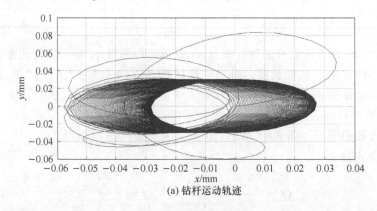

(a) 钻杆运动轨迹

图 3 - 7　进给量为 50 mm/min,转速为 1 200 r/min 时钻杆的涡动情况

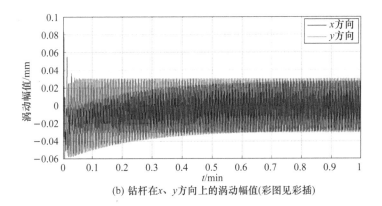

(b) 钻杆在 x、y 方向上的涡动幅值(彩图见彩插)

图 3 - 7　进给量为 50 mm/min,转速为 1 200 r/min 时钻杆的涡动情况(续)

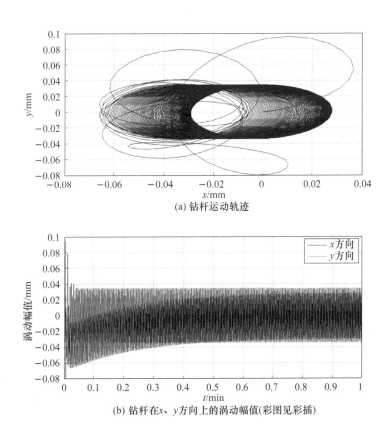

(a) 钻杆运动轨迹

(b) 钻杆在 x、y 方向上的涡动幅值(彩图见彩插)

图 3 - 8　进给量为 50 mm/min,转速为 1 500 r/min 时钻杆的涡动轨迹

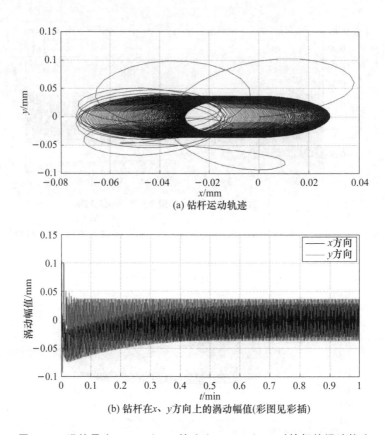

(a) 钻杆运动轨迹

(b) 钻杆在 x、y 方向上的涡动幅值(彩图见彩插)

图 3 - 9 进给量为 50 mm/min,转速为 1 800 r/min 时钻杆的涡动轨迹

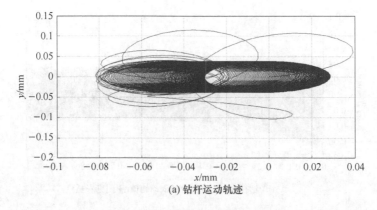

(a) 钻杆运动轨迹

图 3 - 10 进给量为 50 mm/min,转速为 2 100 r/min 时钻杆的涡动轨迹

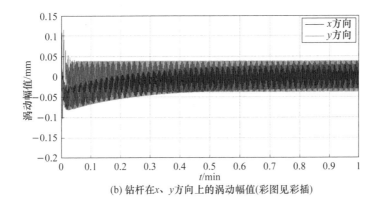

(b) 钻杆在 x、y 方向上的涡动幅值(彩图见彩插)

图 3 - 10　进给量为 50 mm/min,转速为 2 100 r/min 时钻杆的涡动轨迹(续)

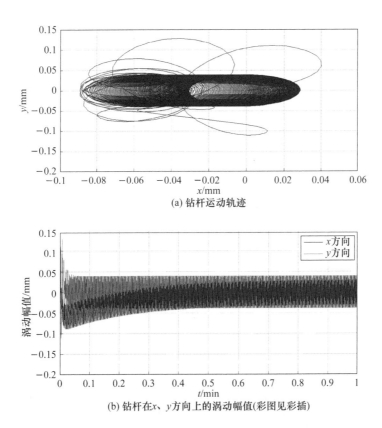

(a) 钻杆运动轨迹

(b) 钻杆在 x、y 方向上的涡动幅值(彩图见彩插)

图 3 - 11　进给量为 50 mm/min,转速为 2 400 r/min 时钻杆的涡动轨迹

分别测量以上 5 组图中在 x、y 方向上涡动的幅值,测量结果如表 3 - 2 所列。

表 3 - 2 x、y 方向上钻杆涡动幅值

转速/(r/min)	x 方向幅值/mm	y 方向幅值/mm	涡动幅值/mm
1 200	0.027 3	0.030 3	0.040 8
1 500	0.028 0	0.033 9	0.044 0
1 800	0.028 4	0.036 6	0.046 3
2 100	0.028 3	0.038 0	0.047 4
2 400	0.028 7	0.039 0	0.048 4

从以上 5 组图可以看出,在加工初始阶段,在 x 方向上会产生较大偏差,当枪钻达到稳定状态时,钻杆的运动轨迹为椭圆形。对于在 x 方向上的涡动幅值,随着转速的增加,涡动幅值也在增加。在 y 方向上,涡动幅值随着转速的增加也同样逐渐增加。将图上的数据带入式(3-25),可以计算得到涡动半径随着钻杆转速的增加而增加,在 2 400 r/min 时达到最大值。通过对比发现,y 方向上振幅及其变化量都较 x 方向上大,可见钻杆转速对纵向振动的影响较为明显,纵向振幅在总涡动轨迹上起到主要作用。

3.2.3 枪钻进给量对涡动轨迹的影响

同理,在不改变钻杆转速的情况下,分别计算了在不同进给量条件下,钻杆的涡动轨迹与涡动幅值,如图 3-12～图 3-16 所示。

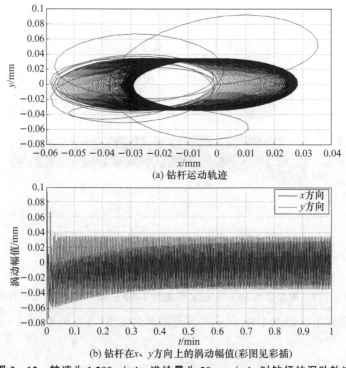

(a) 钻杆运动轨迹

(b) 钻杆在 x、y 方向上的涡动幅值(彩图见彩插)

图 3 - 12 转速为 1 200 r/min,进给量为 30 mm/min 时钻杆的涡动轨迹

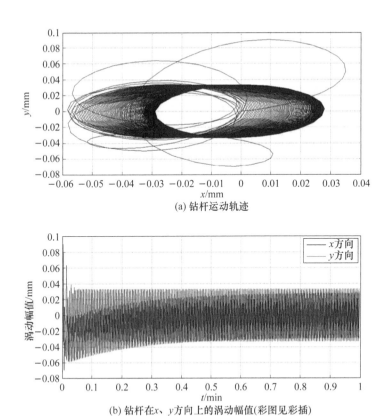

(a) 钻杆运动轨迹

(b) 钻杆在 x、y 方向上的涡动幅值(彩图见彩插)

图 3-13　转速为 1 200 r/min,进给量为 35 mm/min 时钻杆的涡动轨迹

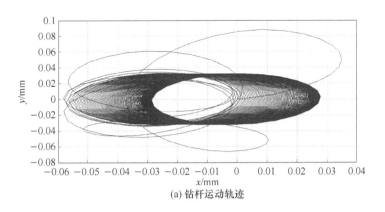

(a) 钻杆运动轨迹

图 3-14　转速为 1 200 r/min,进给量为 40 mm/min 时钻杆的涡动轨迹

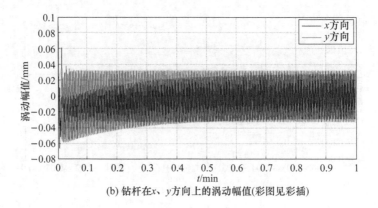

(b) 钻杆在 x、y 方向上的涡动幅值(彩图见彩插)

图 3 − 14   转速为 1 200 r/min,进给量为 40 mm/min 时钻杆的涡动轨迹

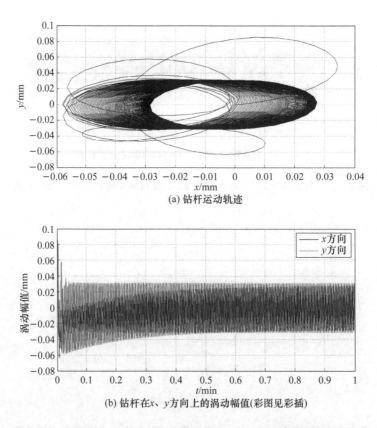

(a) 钻杆运动轨迹

(b) 钻杆在 x、y 方向上的涡动幅值(彩图见彩插)

图 3 − 15   转速为 1 200 r/min,进给量为 45 mm/min 时钻杆的涡动轨迹

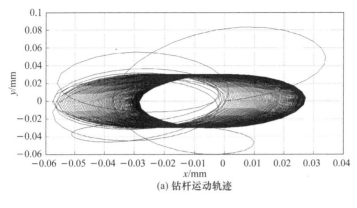

(a) 钻杆运动轨迹

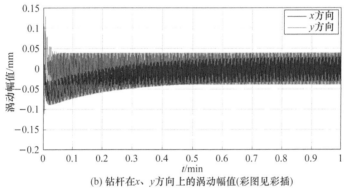

(b) 钻杆在 x、y 方向上的涡动幅值(彩图见彩插)

图 3 - 16　转速为 1 200 r/min,进给量为 50 mm/min 时钻杆的涡动轨迹

从以上 5 组图中测得钻杆在 x、y 方向上涡动的幅值如表 3 - 3 所列。

表 3 - 3　x、y 方向上钻杆涡动幅值

进给量/(mm/min)	x 方向幅值/mm	y 方向幅值/mm	涡动幅值/mm
30	0.028 1	0.034 4	0.044 4
35	0.028 0	0.033 5	0.043 7
40	0.027 8	0.032 3	0.042 6
45	0.027 4	0.031 3	0.041 6
50	0.027 3	0.030 3	0.040 8

从以上 5 组图中可以看出,在枪钻加工状态逐渐稳定后,随着进给量的增大,钻杆在 x 方向上的幅值逐渐减小,在 y 方向上具有相同的规律,即 y 方向上的幅值也逐渐减小,但 y 方向上振幅及其变化量都较 x 方向上大,可见进给量对纵向振动的影响较为明显,纵向振幅在总涡动轨迹上起到主要作用。将表中数据带入式(3-25)中,可得钻杆涡动半径随着进给量的增加呈现减小的趋势,在进给量为 50 mm/min 时达到最小值。

3.2.4 偏心结构与涡动幅值的关系

根据 3.1 节的内容,在枪钻深孔加工过程中,圆度误差的形成是由于枪钻钻头部分发生涡动,钻头的运动轨迹决定了孔的圆度形貌,所以涡动半径直接影响了圆度误差的大小。

将枪钻涡动的实际情况简化为圆盘涡动模型,如图 3-17 所示。图中,O' 为圆盘旋转中心,c 为质心,则当圆盘以角速度 Ω 转动时,质心 c 在坐标轴上的加速度的投影为

$$\begin{cases} \ddot{x}_c = \ddot{x} - e\Omega^2 \cos \Omega t \\ \ddot{y}_c = \ddot{y} - e\Omega^2 \sin \Omega t \end{cases} \tag{3-27}$$

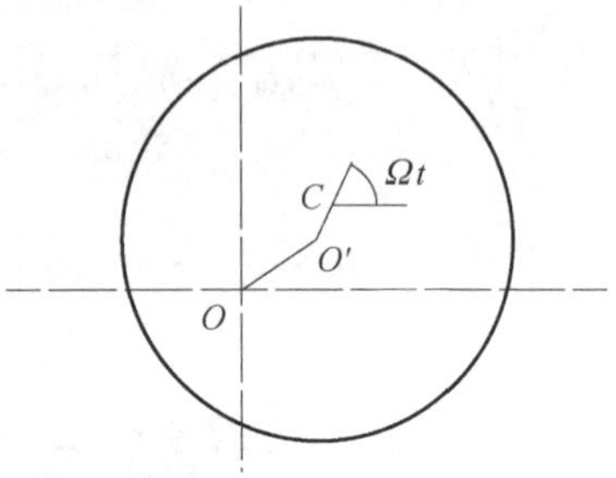

式中,$e = O'c$ 为偏心距,在转轴的弹性力作用下,根据质心运动定理,有

$$\begin{cases} m\ddot{x}_c = -kx \\ m\ddot{y}_c = -ky \end{cases} \tag{3-28}$$

图 3-17 圆盘偏心模型

将式(3-22)代入式(3-23)中,可得旋转中心 O' 的运动微分方程为

$$\begin{cases} \ddot{x} + \omega_n^2 x = e\Omega^2 \cos \Omega t \\ \ddot{y} + \omega_n^2 y = e\Omega^2 \sin \Omega t \end{cases} \tag{3-29}$$

式(3-29)为钻杆强迫振动的微分方程,公式等号右边相当于偏心质量所产生的激振力,即偏心质量在坐标轴方向上的激振力与偏心距成线性关系。激振力随着偏心距的增加而增大。将式(3-29)变为复数形式,即

$$\ddot{z} + \omega_n^2 z = e\Omega^2 e^{i \cdot \Omega} \tag{3-30}$$

方程的特解为

$$z = Ae^{i \cdot \Omega} \tag{3-31}$$

将特解代入式(3-26),计算即可得到涡动振幅的表达式

$$|A| = \left| \frac{e\Omega^2}{\omega_n^2 - \Omega^2} \right| = \left| \frac{e(\Omega/\omega_n)^2}{1 - (\Omega/\omega_n)^2} \right| \tag{3-32}$$

式中,$\omega_n = \sqrt{\dfrac{k}{m}}$ 表示枪钻的涡动频率,k 表示枪钻钻头的刚度,m 表示钻杆质量,根据密度-刚度公式和密度-质量公式可知

$$\omega_n = \sqrt{\frac{k}{m}} = \sqrt{\frac{(1.277 * \mu - 0.216\,2)^{0.467}}{\mu \upsilon}} \tag{3-33}$$

则枪钻旋转中心 O' 对于质量偏心的响应为

$$z = \frac{e(\Omega/\omega_n)^2}{1 - (\Omega/\omega_n)^2} e^{i \cdot \Omega} \tag{3-34}$$

通过对以上公式进行 MATLAB 计算,可以得出枪钻材料密度与枪钻偏心距和加工过程中枪钻发生涡动的幅值的关系,如图 3-18 所示。

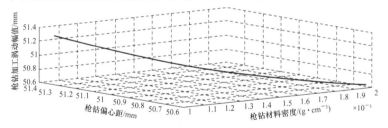

图 3-18 涡动幅值、偏心距与枪钻钻头材料的关系

根据公式推导及计算仿真结果可知,随着材料密度的增加,枪钻钻头的偏心距随之减小,在加工过程中,钻头发生涡动的幅值也随之降低,并且涡动的幅值大小与偏心距近似成线性关系。

3.3 圆度形貌预测

3.3.1 半频效应对圆度形貌的影响

在钻孔的形成机理中,钻杆绕动频率 f_a 的取值有两种不同的模式,一种是低于单位频率的低频,一种是高于单位频率的高频。取值不同的 f_a 会产生不同的钻孔轮廓。为了预测钻杆的低频回转误差引起的圆度形貌,设枪钻的每转进给量足够小,这样孔的轮廓就可以在同一个垂直于钻杆的平面上。在枪钻系统加工的过程中,在前半周期内会出现不闭合的凸角轮廓曲线,但是在连续旋转的状态下,不闭合的曲线轮廓会逐渐闭合。

图 3-19 和图 3-20 所示为工件的孔轮廓外形。对于 f_a 取任意值的半频运动模式,产生的圆度形貌是工件的低频振动频率 f_ω 产生的凸角轮廓与 f_a 产生的凸角轮廓结合的结果,特别是在 f_ω 为偶数时,凸角的个数变为 f_ω 值的一半。

此外,在预测枪钻钻杆高频率的回转误差引起的孔截面圆度形貌时,高于单位频率的情况通常也会在工件旋转一次的过程中显示闭合和开放的凸角。但是,在连续加工的过程中,不闭合的凸角轮廓会随着旋转逐渐闭合,并且还表现出 f_a 的频域特性。由图 3-19 和图 3-20 可以得到枪钻在一个周期的半频率的预测轮廓。一般情况下,对于不闭合的凸角轮廓,更多表现出的是位移偏差的影响。从图中可以看出,f_a 和 f_ω 共同影响着圆度形貌轮廓,但是 f_a 的作用更加明显,在两种振动频率同时存在的时候,最终形成的轮廓是两种频率下分别形成的轮廓的合并。在很多关于半频运动的研究中,凸角轮廓会逐渐变成闭合,并且未闭合的凸角相较于圆形凸角,在孔的轮廓上显示出较小的径向偏移。

因此,在进给速度比较低的情况下,f_ω 的取值对凸角轮廓的影响不大。而对于闭合的凸角轮廓,f_ω 的取值对决定凸角个数起到主要的作用。值得注意的是,本书中预测的孔轮廓及其对应的圆度公差和实际值是相似的,但同时,凸角的形状差异却很明显。

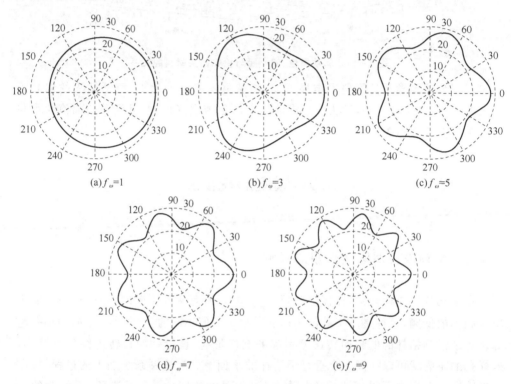

(a)f_ω=1   (b)f_ω=3   (c)f_ω=5

(d)f_ω=7   (e)f_ω=9

图 3 - 19 f_a=0.5 时枪钻加工孔的圆度形貌预测(R_a/R_ω=0/5)

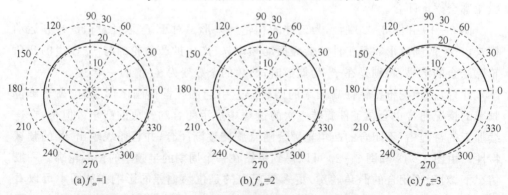

(a)f_ω=1   (b)f_ω=2   (c)f_ω=3

图 3 - 20 f_a=0.5 时枪钻加工孔的圆度形貌预测(R_a/R_ω=3/3)

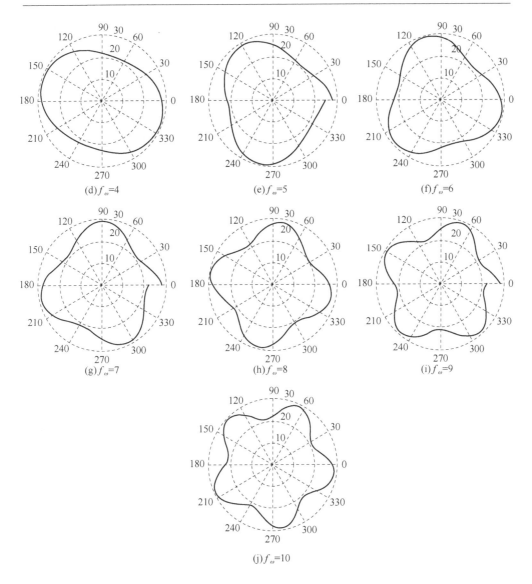

(d)$f_\omega=4$　　(e)$f_\omega=5$　　(f)$f_\omega=6$

(g)$f_\omega=7$　　(h)$f_\omega=8$　　(i)$f_\omega=9$

(j)$f_\omega=10$

图 3 - 20　$f_a=0.5$ 时枪钻加工孔的圆度形貌预测($R_a/R_\omega=3/3$)(续)

3.3.2　多频效应对圆度形貌的影响

通过式(3-2)和式(3-3)预测的圆度轮廓如图 3 - 21 所示。通过 f_a/f_ω 取不同的值预测在枪钻钻杆绕动和工件低频振动共同影响下产生的圆度形貌,图中圆度轮廓上凸角的个数分别对应于不同的 f_a 和 f_ω 的值。图 3 - 21 是在 $R_a/R_\omega=3/3$ 的条件下得到的,当 R_a/R_ω 的值趋近于 0 或无限大时,会出现类似于 $f_a/f_\omega=1/6\sim6/1$ 时的对称凸角轮廓。当 R_a/R_ω 接近 1 时,则会出现双对称凸角轮廓,这主要取决于 f_a

和 f_ω 的值。但是这种双对称凸角轮廓会因为不同的初始相位值 ϕ_a 和 ϕ_ω 而发生变化。这些结果表明,由于钻杆的承载能力不佳引起的枪钻圆度误差通常发生在 f_a 和 f_ω 的值为 2～6 范围内。所以在实际的实验中,经常出现 2～6 个凸角的圆度轮廓,在实际的加工过程中,产生的主要是小于 6 个凸角的圆度形貌的孔。这说明枪钻的误差主要出现在 f_a 或者 f_ω 的值为 2～6 范围内。但是因为枪钻钻杆的刚度小于工件的刚度,则枪钻刀具中心的绕动是产生孔的凸轮轮廓的主导因素,且主导模式出现在高振幅的情形中。因此,影响枪钻圆度凸角轮廓的最主要因素是一种频率下的幅值和钻杆绕动的频率 f_a 或工件低频振动的频率 f_ω。如图 3－21 所示,改变 R_a、R_ω、f_a 和 f_ω 之间的数值关系可以产生不同的圆度形貌。为了验证图 3－21 中(a)～(u)所示的预测孔圆度轮廓,所提出的考虑钻杆回转误差和工件振动的谐波模型必须能够确定凸角的谐波圆度特性。通过枪钻钻杆的回转误差和工件振动的组合运动,多个凸角产生,最后两种运动状况下生成的凸角合并生成有凸角的圆度轮廓。即使 f_a 和 f_ω 都存在,R_a 和 R_ω 依然是影响两种情况凸角合并的主要因素。工件振动和钻杆绕动幅度较大的一个主导最终孔的轮廓形状,但工件振动的幅度往往小于钻杆绕动的幅度,所以钻杆的回转误差是影响最终孔圆度形貌的主要原因。

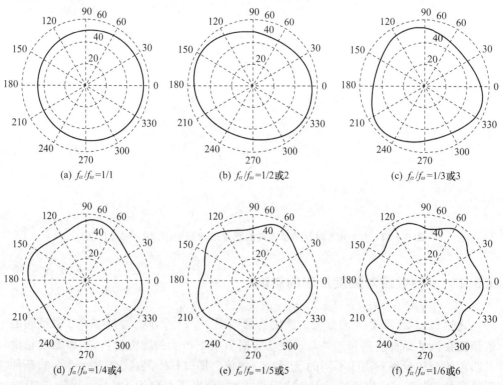

(a) $f_a/f_\omega=1/1$　　(b) $f_a/f_\omega=1/2$或2　　(c) $f_a/f_\omega=1/3$或3

(d) $f_a/f_\omega=1/4$或4　　(e) $f_a/f_\omega=1/5$或5　　(f) $f_a/f_\omega=1/6$或6

图 3－21　钻杆绕动频率 f_a 和工件振动频率 f_ω 取 1～6 时孔圆度形貌预测($R_a/R_\omega=3/3$)

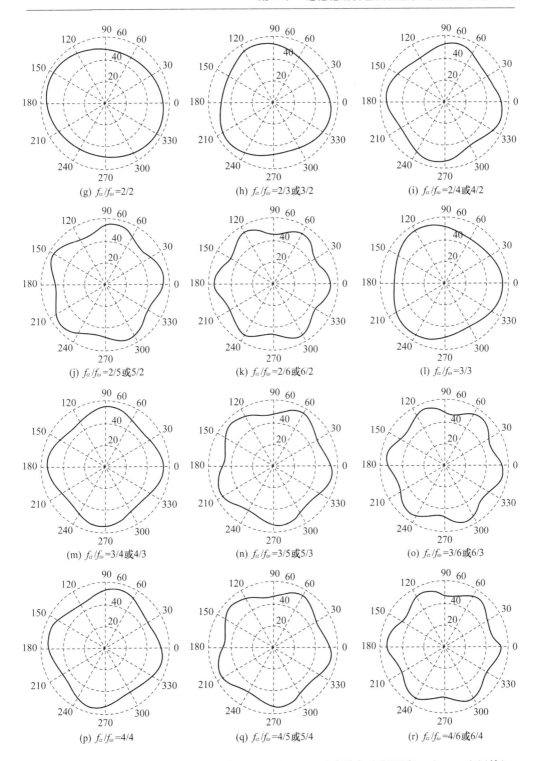

(g) $f_a/f_\omega = 2/2$

(h) $f_a/f_\omega = 2/3$ 或 $3/2$

(i) $f_a/f_\omega = 2/4$ 或 $4/2$

(j) $f_a/f_\omega = 2/5$ 或 $5/2$

(k) $f_a/f_\omega = 2/6$ 或 $6/2$

(l) $f_a/f_\omega = 3/3$

(m) $f_a/f_\omega = 3/4$ 或 $4/3$

(n) $f_a/f_\omega = 3/5$ 或 $5/3$

(o) $f_a/f_\omega = 3/6$ 或 $6/3$

(p) $f_a/f_\omega = 4/4$

(q) $f_a/f_\omega = 4/5$ 或 $5/4$

(r) $f_a/f_\omega = 4/6$ 或 $6/4$

图 3 - 21　钻杆绕动频率 f_a 和工件振动频率 f_ω 取 1~6 时孔圆度形貌预测($R_a/R_\omega = 3/3$)(续)

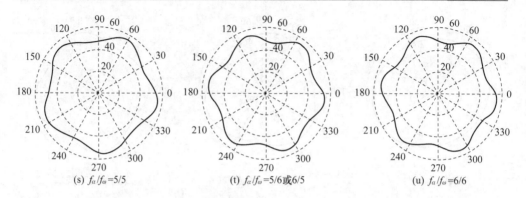

(s) $f_a/f_\omega=5/5$ (t) $f_a/f_\omega=5/6$ 或 $6/5$ (u) $f_a/f_\omega=6/6$

图 3-21　钻杆绕动频率 f_a 和工件振动频率 f_ω 取 1~6 时孔圆度形貌预测($R_a/R_\omega=3/3$)(续)

图 3-22 展示了 f_a 和 f_ω 在范围为 3~26 的区域内间断取值的情况下孔圆度形貌的预测结果。同理,钻杆回转误差和工件的低频振动共同作用可以产生不同的孔轮廓。即使两种振动的模型都清晰地存在,但是两种模型向最终孔圆度形貌融合的趋势仍不明显,这是因为孔的最终轮廓是由两种振动合并的谐波组合产生的。在图 3-22 中可以看出这一现象,还可以发现两种振动模式的组合会显现出不同数量的凸角的趋势。图 3-22(e)中展示的是在某种意义上表示 4 个凸角的轮廓,但是具有 4 个凸角的固有频率并不真正包括 f_a 和 f_ω,这与图 3-19 和图 3-20 相似。

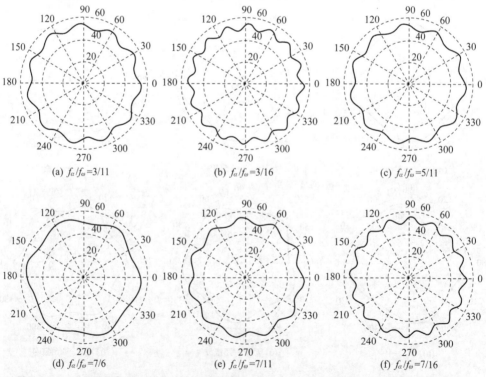

(a) $f_a/f_\omega=3/11$ (b) $f_a/f_\omega=3/16$ (c) $f_a/f_\omega=5/11$

(d) $f_a/f_\omega=7/6$ (e) $f_a/f_\omega=7/11$ (f) $f_a/f_\omega=7/16$

图 3-22　钻杆绕动频率 f_a 和工件振动频率 f_ω 取 3~26 时孔圆度形貌预测($R_a/R_\omega=2/2$)

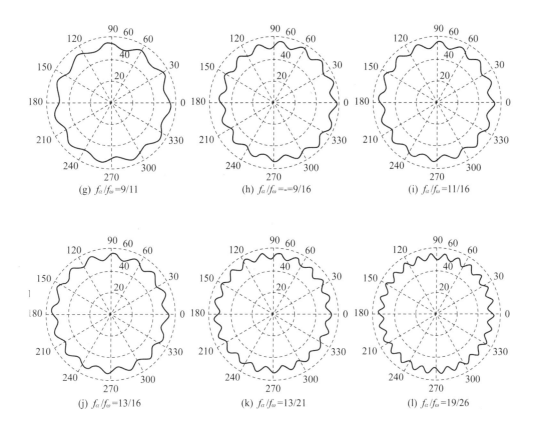

图 3-22　钻杆绕动频率 f_a 和工件振动频率 f_ω 取 3～26 时孔圆度形貌预测（$R_a/R_\omega=2/2$）（续）

3.3.3　振幅和频率对圆度形貌的影响

图 3-23～图 3-27 所示是 R_a，R_ω，f_a 和 f_ω 分别在 2～5 内取值时产生的圆度轮廓的情况，随着钻杆绕动半径增加或工件的振动幅度增大，孔的轮廓曲线上会出现更加明显的凸角。孔轮廓上出现的最大幅度凸角取决于在当前频率下的最大振动幅度和频率。

从图 3-26 中可以看出，枪钻钻杆的回转误差幅度大于工件的振动幅度，所以，钻杆的绕动频率是影响圆度形貌的主要因素。

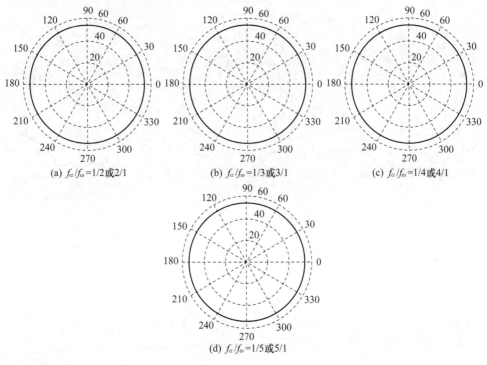

(a) $f_\alpha/f_\omega=1/2$ 或 $2/1$

(b) $f_\alpha/f_\omega=1/3$ 或 $3/1$

(c) $f_\alpha/f_\omega=1/4$ 或 $4/1$

(d) $f_\alpha/f_\omega=1/5$ 或 $5/1$

图 3-23 圆度形貌预测 ($R_a/R_\omega=1/1$)

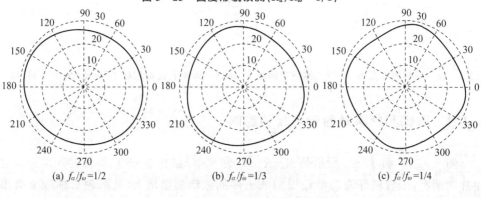

(a) $f_\alpha/f_\omega=1/2$

(b) $f_\alpha/f_\omega=1/3$

(c) $f_\alpha/f_\omega=1/4$

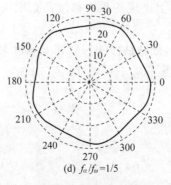

(d) $f_\alpha/f_\omega=1/5$

图 3-24 圆度形貌预测 ($R_a/R_\omega=5/1$)

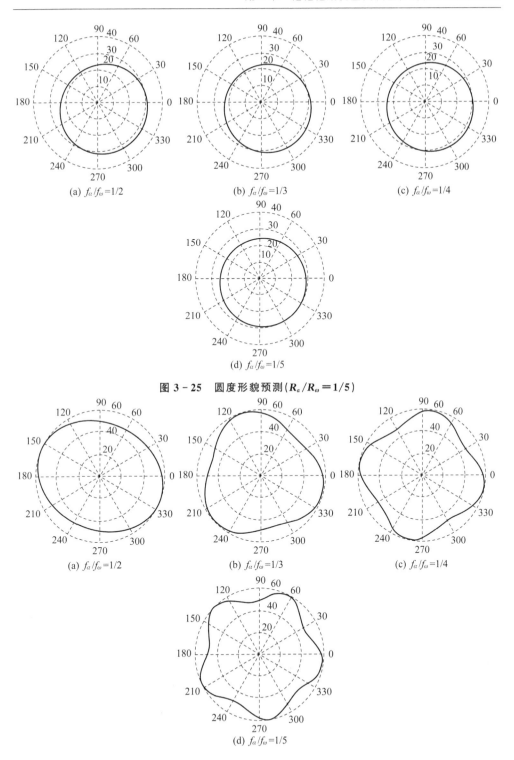

(a) $f_a/f_\omega=1/2$　　　　　(b) $f_a/f_\omega=1/3$　　　　　(c) $f_a/f_\omega=1/4$

(d) $f_a/f_\omega=1/5$

图 3 - 25　圆度形貌预测($R_a/R_\omega=1/5$)

(a) $f_a/f_\omega=1/2$　　　　　(b) $f_a/f_\omega=1/3$　　　　　(c) $f_a/f_\omega=1/4$

(d) $f_a/f_\omega=1/5$

图 3 - 26　圆度形貌预测($R_a/R_\omega=5/3$)

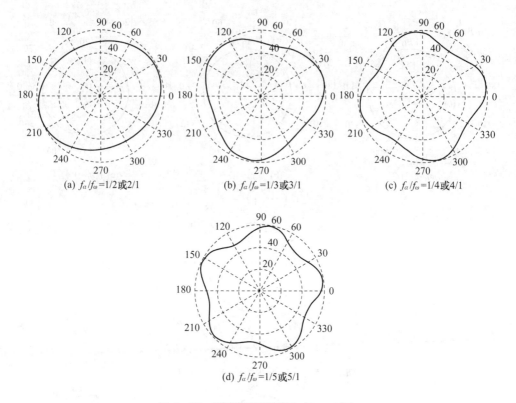

(a) $f_a/f_\omega = 1/2$ 或 $2/1$ (b) $f_a/f_\omega = 1/3$ 或 $3/1$ (c) $f_a/f_\omega = 1/4$ 或 $4/1$

(d) $f_a/f_\omega = 1/5$ 或 $5/1$

图 3 - 27   圆度形貌预测 $(R_a/R_\omega = 5/5)$

3.3.4   FFT 法优化预测圆度形貌

FFT 是一种 DFT 的高效算法,称为快速傅里叶变换(Fast Fourier Transform),它是根据离散傅氏变换的奇、偶、虚、实等特性,对离散傅里叶变换的算法进行改进获得的。FFT 算法可分为按时间抽取算法和按频率抽取算法。对于函数 $f(t)$,如果其绝对可积,则该函数就可以进行傅里叶变换,对于波形图像而言,如果一个波形可以分解为多个不同频率的正弦波之和,而且这些分解出的不同频率的正弦波可以组合恢复成原信号波,那么这个波形就可以进行傅里叶变换。在数学上,傅里叶变换的表达式为

$$\hat{f}(\lambda) = \frac{1}{\sqrt{2\pi}} \int_{-\infty}^{+\infty} f(t) e^{-i\lambda t} dt \tag{3-35}$$

其中,$f(t)$ 是给定的可以分解为多个正弦函数之和的函数。$\hat{f}(\lambda)$ 称为 $f(t)$ 的傅里叶变换,通常记为 $\hat{f}(\lambda) = F\{f(t)\}$,式中的 F 称为傅里叶算子。λ 和 t 分别是频率变量和时间变量,则它的模 $|\hat{f}(\lambda)|$ 称为频谱,频谱函数表示了各频率波形所占的比例。

因此,通过 FFT 运算可以得到各波形的频谱,根据波形的频谱就可以确定信号中所含有的频率成分[105]。

在图 3-24 中,枪钻钻杆回转误差的幅度大约是工件振动幅度的 5 倍,但主频率是工件振动的频率,因此孔的圆度轮廓不清楚。在图 3-22 中,主导的幅度和频率也是工件低频振动的频率和幅值,所以图中圆度的比例是相同的,而且也比图 3-23和图 3-24 可以更加清晰地区分凸角的个数。这一现象也同样出现在图 3-21 和图 3-22 中。但是,在这两种振动情况下,孔的最终轮廓是由主导振动模式决定的。

图 3-28 是图 3-22 中 FFT 变换计算得到的枪钻钻孔的圆度形貌,图中的结果很好地预测了每种条件下孔轮廓上凸角的数量和圆度误差大小。图 3-28 中孔的形貌与图 3-22 中孔的形貌和幅度完全一致。相较于图 3-22 中的结果,FFT 法预测的结果可以很容易地确定凸角的数目。

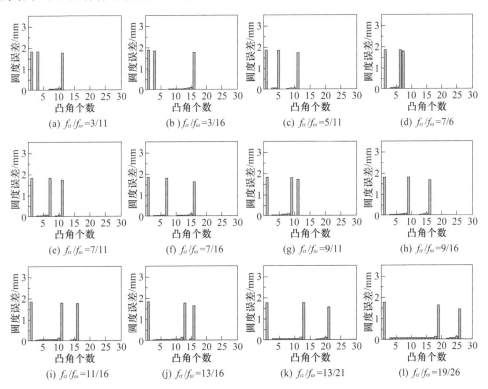

图 3-28 使用 FFT 法再钻杆绕动频率 f_a 和工件振动频率 f_ω
在 3～26 范围内取值时孔圆度形貌预测($R_a/R_\omega=2/2$)

3.3.5 初始相位对圆度的影响

图 3-29 展示的是在三凸角圆度轮廓的情况下,初始相位对圆度形貌的影响。

从图中可以看出,枪钻绕动和工件振动的初始相位 ϕ_a 和 ϕ_ω 是确定凸角位置的主要原因,但是相位不会影响圆度轮廓最终的整体形状。

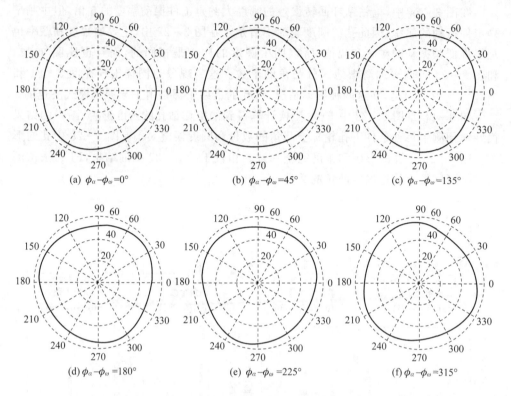

(a) $\phi_a - \phi_\omega = 0°$ (b) $\phi_a - \phi_\omega = 45°$ (c) $\phi_a - \phi_\omega = 135°$

(d) $\phi_a - \phi_\omega = 180°$ (e) $\phi_a - \phi_\omega = 225°$ (f) $\phi_a - \phi_\omega = 315°$

图 3-29 不同初始相位条件下对孔形貌的预测($f_a/f_\omega = 3/1, R_a/R_\omega = 2/2$)

3.4 圆度误差数值模型验证实验

3.4.1 实验方案

为了比较计算出的圆度误差的结果与实际枪钻加工孔的测量结果,采用单因素变量的实验方案分别进行实验:
① 钻杆转速对加工孔圆度误差的影响;
② 进给速度对加工孔圆度误差的影响;
③ 加工深度(长径比)对圆度误差的影响。

对比较结果进行分析,验证圆度误差数值分析模型的合理性和误差预测的可行性,并寻求最优化加工条件的范围。

3.4.2　实验材料

因为 45♯钢广泛应用于轴类零件和模具的生产,所以本次实验中使用的加工工件材料为 45♯钢。如图 3 - 30 所示,45♯钢为中碳调质结构钢,冷塑性一般,但是退火、正火比调质时要好,具有很高的强度和较好的切削性能,经过适当的热处理后可以获得一定的韧性和耐磨性。45♯钢的主要成分是Fe,且含有少量其他的化学成分。表3 - 4 和表 3 - 5 分别列出了 45♯钢的成分组成和性能[106]。

图 3 - 30　45♯钢工件轴

表 3 - 4　45♯钢的化学成分

成分	C	Si	Mn	P	S	Cr	Ni	Cu
含量/%	0.42~0.5	0.17~0.37	0.5~0.8	≤0.035	≤0.035	≤0.25	≤0.25	≤0.25

表 3 - 5　45♯钢的力学性能

抗拉强度/MPa	屈服强度/MPa	伸长率/%	硬度/HB
600	355	16	≤197

3.4.3　实验设备

本次实验用到的主要实验设备有枪钻机床、枪钻刀具以及三坐标测量仪。实验中使用的是 DH - 1300 深孔加工机床,ϕ11.02 mm 的深孔加工枪钻和三坐标测量仪,可以确保加工的可靠性和测量的精确性。

(1) 枪钻加工机床

本次实验使用了中北大学深孔加工中心的深孔加工机床 DH - 1300。

DH - 1300 是由香港精准机械公司制造的三轴深孔加工机床。机床的加工方式为工件旋转,刀具进给,在加工过程中,由位于机床最后端的输油装置将切削液注入到钻杆中,切削液从枪钻内部的圆孔输入到切削位置,起到润滑冷却的作用,并将携带者切屑从钻杆外部的 V 型槽运送到排屑器的位置,将切削液和切屑一起排出。

(2) 枪钻加工刀具

枪钻是深孔加工中常用的一种加工刀具,主要由三部分组成,即钻头、钻杆和钻柄,如图 3-31 所示。钻头切削的部分大多采用硬质合金,仅个别情况下采用高速钢,钻头与钻杆主要通过焊接的方式连接。为了保证加工精度,钻头上还会设计有导向块。钻杆通常呈"V"型结构,外径略小于钻头,因为要在较小扭

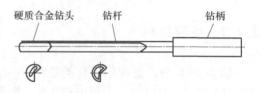

图 3-31　枪钻结构图

转变形的情况下提供较大的扭矩,所以钻杆要有足够的强度和韧性。钻杆内部有用于输送切削液的孔,在保证强度和刚度足够的前提下,钻杆的冷却液孔应当足够大以利于钻头切削部分的冷却、润滑和排屑。钻柄是传递动力的主要部分,也称为驱动器,应根据不同的机床设备选用不同的钻柄结构[107]。枪钻的切削参数包括切削速度、进给速度、切削液流量及压力等,其长度的确定要考虑重磨的储备量,最短的排屑距离,枪钻机床装夹装置的设计,钻削孔深和钻柄长度等很多因素。

在本次实验中,使用的枪钻为韩国东山枪钻,加工直径为 $\phi11$ mm,制造公差为 IT7,长度是 1 000 mm,加工粗糙度达到 $Ra0.8$,钻头为硬质合金,焊接在钻杆上。首先需要在机床的支撑架内安装胶套,然后整体安装到轴承内构成一个导向条,整条枪钻一共需要 3~4 条导向条,钻头安装在由导向头前后螺母固定的道套内,之后将整体安装在机床上,如图 3-32 所示。

工件装夹在工作台上,通过调整枪钻支架的位置使枪钻对准代加工工件进行实际加工,如图 3-33 所示。

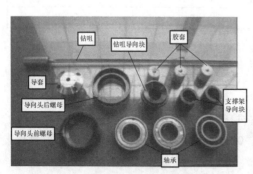

图 3-32　枪钻及安装部件

图 3-33　枪钻系统安装

(3) 检测仪器

实验中采用的测试仪器是美国的 FARO Edge 便携式三坐标测量仪,如图 3-34 所示。该三坐标测量仪适用于检测、点云数据与 CAD 模型比对、快速成型、逆向工程和 3D 建模。测量结果可以通过所连接的 PC 获得。设备的特点如下:

① 具备直观操作面板的测量系统,内置触摸屏 PC,可以无需笔记本电脑测量。

② 智能多功能的手柄端口。

③ 可以通过蓝牙、WIFI、USB 和以太网进行连接,实现多客户管理。

④ 关节应力减小,重量分布均匀,平衡性能更好。

⑤ 智能传感技术,外部负载过大警告,针对温度变化进行补偿,自动检查安装问题。

⑥ 在同一范围内可以多扫描 15％的点,扫描宽度增加 50％。

图 3 - 34　三坐标测量仪

三坐标测量仪的相关参数如表 3 - 6 所列。

表 3 - 6　三坐标测量仪相关参数

操作温度范围	$10°\sim40°$
温度周期	$5°/5$ min
允许角加速度	>105 rad/s^2
最大振动	$55\sim2\ 000$ Hz
振动和冲击	6 ms
电压	$85\sim245$ V,50/60 Hz
系统精度	0.059 mm
测量范围	$0\sim1.8$ mm
单点可重复性	0.024 mm
空间精度	±0.034 mm

3.4.4　实验方案设计

针对目前枪钻加工的工艺参数设置无依据的情况,利用改变单一因素的方法对实验方案中的内容进行研究:

① 进给速度分别设置为 18 mm/min,23 mm/min,28 mm/min,33 mm/min,研

究进给速度对圆度误差的影响;

② 转速分别设置为 1 200 r/min,1 500 r/min,1 800 r/min,2 100 r/min,研究转速对圆度误差的影响;

③ 孔深分别设置为 5 mm,30 mm,60 mm,90 mm,120 mm,150 mm,研究加工深度(长径比)对圆度误差的影响。

深孔加工机床对于加工的稳定性要求较高,工件夹紧必须要找正定位,由于加工时油压的影响,故需要导向块或导向套贴紧工件,由于枪钻钻杆较长的特点,刚度和稳定性较差,而枪钻是单边非对称刀刃,故在最初钻入深度较浅时容易振动,甚至断裂、崩刃。因此在选取样点的时候,从钻入 5 mm 处开始,分别选取孔深为 5 mm,30 mm,60 mm,90 mm,120 mm,150 mm 的截面进行取样。

本次实验使用便携式三坐标测量仪对加工工件进行测量,测量基准与加工基准一致,在相应深度孔的截面上测得多组点坐标,将这些点拟合成封闭的孔轮廓,测量轮廓的外切圆和内接圆的距离即圆度误差的值,如图 3 - 35 所示。

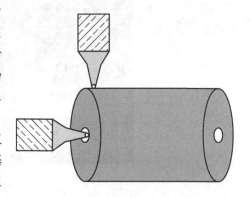

图 3 - 35　圆度误差测量示意图

3.4.5　数据采集与结果分析

在进给速度分别设定为 18 mm/min、23 mm/min、28 mm/min、33 mm/min 的情况下,枪钻分别以 1 200 r/min、1 500 r/min、1 800 r/min 和 2 100 r/min 的转速进行加工。加工完成后,在加工深度为 5 mm、30 mm、60 mm、90 mm、120 mm、150 mm 的截面位置选择样本点,在每一个截面上测量 3 次得到 3 组样本点,分别将样本点拟合成封闭的轮廓曲线,确定内接圆和外切圆,然后按照式(3-14)进行圆度误差的计算,将结果求平均值。最终的计算结果如表 3 - 7～表 3 - 10 所列。

表 3 - 7　进给速度为 18 mm/min 时的圆度误差　　　　　　　　　　　mm

转速/(r · min⁻¹) ＼ 深度/mm	5	30	60	90	120	150
1 200	0.034 8	0.033 9	0.032 7	0.031 3	0.029 7	0.028 0
1 500	0.032 3	0.029 8	0.027 9	0.026 8	0.026 0	0.025 8
1 800	0.029 7	0.028 0	0.028 4	0.023 8	0.022 9	0.021 0
2 100	0.040 1	0.036 7	0.034 6	0.032 9	0.032 0	0.030 1

表 3 - 8　进给速度为 23 mm/min 时的圆度误差　　　　　　　　　　mm

深度/mm 转速/(r · min⁻¹)	5	30	60	90	120	150
1 200	0.034 0	0.033 1	0.032 5	0.031 5	0.030 1	0.028 5
1 500	0.029 7	0.029 8	0.026 5	0.025 8	0.024 7	0.022 1
1 800	0.028 6	0.026 5	0.026 0	0.025 9	0.021 0	0.020 7
2 100	0.038 9	0.035 9	0.034 5	0.032 0	0.031 7	0.030 0

表 3 - 9　进给速度为 28 mm/min 时的圆度误差　　　　　　　　　　mm

深度/mm 转速/(r · min⁻¹)	5	30	60	90	120	150
1 200	0.033 1	0.031 9	0.031 2	0.031 2	0.028 7	0.025 3
1 500	0.029 7	0.027 9	0.028 7	0.025 5	0.023 1	0.020 3
1 800	0.024 3	0.023 9	0.022 7	0.021 9	0.021 7	0.019 1
2 100	0.036 0	0.034 3	0.033 9	0.031 7	0.031 1	0.030 9

表 3 - 10　进给速度为 33 mm/min 时的圆度误差　　　　　　　　　　mm

深度/mm 转速/(r · min⁻¹)	5	30	60	90	120	150
1 200	0.036 1	0.034 3	0.033 9	0.031 9	0.030 8	0.028 5
1 500	0.035 2	0.032 9	0.031 0	0.030 2	0.027 9	0.025 8
1 800	0.032 3	0.031 0	0.028 7	0.027 4	0.025 8	0.024 1
2 100	0.041 2	0.037 6	0.035 7	0.032 0	0.031 5	0.030 9

　　根据以上 4 个表的结果,可以绘制出在只改变一个加工条件下的圆度误差的变化图,将预测的圆度误差结果用同样的方式绘制成图,比较实际加工中的圆度误差和预测的圆度误差结果,可以看出预测结果和实际加工结果基本一致,验证了预测模型的合理性和可行性。

　　图 3 - 36 所示为钻杆转速对圆度误差的影响,从图中可以看出,钻杆转速在 1 200~2 100 r/min 的范围内,不同深度测得的圆度误差一般在 1 800 r/min 处达到最小值,在 1 200 r/min 处达到最大值,圆度误差随着钻杆转速的提高先减小后增大。图 3 - 37 所示为进给速度对圆度误差的影响,钻杆转速在 18~33 mm/min 范围内,不同深度测得的圆度误差一般在 28 mm/min 处达到最小值,在 33 mm/min 时达到最大值,圆度误差随着钻杆转速的提高先减小后增大。且图中测得的圆度误差都在

孔深为 5 mm 时达到最大值,然后随着加工深度的增加而减小,说明加工深度(长径比)的增加会抑制圆度误差。这也证明了之前所说的随着加工过程的进行,圆度形貌逐渐趋于稳定。

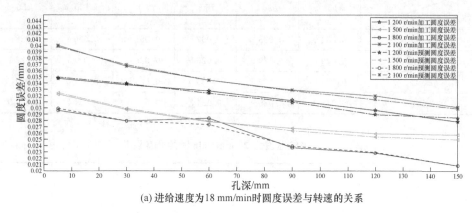

(a) 进给速度为18 mm/min时圆度误差与转速的关系

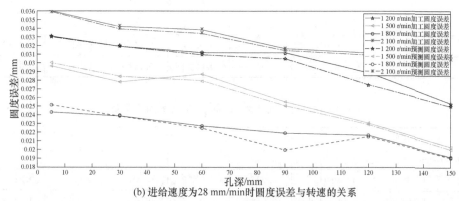

(b) 进给速度为28 mm/min时圆度误差与转速的关系

图 3-36　钻杆转速对圆度误差的影响

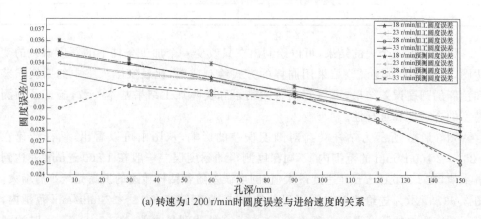

(a) 转速为1 200 r/min时圆度误差与进给速度的关系

图 3-37　进给速度对圆度误差的影响

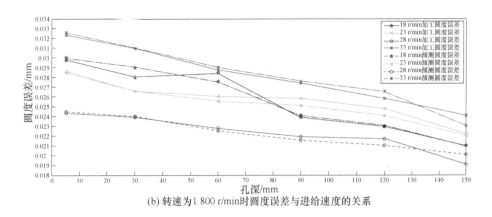

(b) 转速为 1 800 r/min 时圆度误差与进给速度的关系

图 3-37　进给速度对圆度误差的影响(续)

使用响应曲面法对采集到的样本点进行分析,响应曲面法是一种优化生物过程的统计学实验设计,采用该方法建立连续的变量曲面模型,对影响过程的因子及其交互作用进行评价,确定最佳水平范围[108]。相较于单一法,响应曲面法可以更加直观准确地判断模型的特性。在本实验中,综合考虑转速、进给速度对孔圆度误差的交互影响作用,建立变量的连续模型,最终确定最优的加工条件范围。使用响应曲面法绘制的模型如图 3-38 所示。

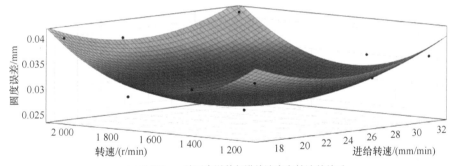

(a) 孔深 5 mm 处圆度误差与进给速度和转速的关系

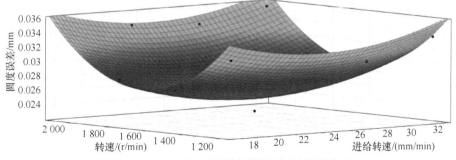

(b) 孔深 60 mm 处圆度误差与进给速度和转速的关系

图 3-38　进给速度和转速对孔深的综合影响

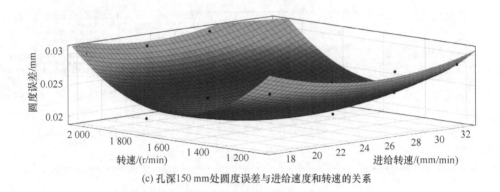

(c) 孔深150 mm处圆度误差与进给速度和转速的关系

图3-38 进给速度和转速对孔深的综合影响(续)

图3-38直观地展示出了进给速度和钻杆转速对圆度误差的综合影响,从孔深为5 mm,60 mm和150 mm这3个截面的图中可以看出,圆度误差在转速1 800 r/min处,进给速度28 mm/min处附近达到最小值,即深孔加工最优的转速和进给速度分别在1 800 r/min和28 mm/min附近。这一结果也和式(3-14)计算出的圆度误差的趋势相同。

3.5 小 结

通过对枪钻深孔加工圆度误差的形成机理进行研究分析,建立了圆度形貌模型和圆度误差数值模型。通过圆度形貌模型研究钻杆回转误差和工件的低频振动对孔的最终形貌的影响,分别对钻杆绕动的半频效应,钻杆绕动和工件低频振动的复合效应,振幅和频率的复合效应以及初始相位对孔圆度的影响进行分析比较,预测在实际加工中圆度凸角的个数和孔轮廓的最终形状,并通过FFT法预测优化方法,预测在不同转速、进给速度和孔深(长径比)的情况下圆度误差的大小。实验测量了在不同加工条件下的圆度误差,观察转速、进给速度和孔深(长径比)对圆度误差的影响,与圆度误差数值模型预测的结果进行比较,验证误差数值模型的合理性。按照响应曲面法绘制转速和进给速度对孔圆度误差的综合影响,绘制模型图像,确定最佳的加工条件。可以得出如下结论:

① 建立了用于研究预测圆度形貌的模型,从圆度形貌模型中可以看出,钻杆的回转误差和工件在加工过程中的低频振动是导致圆度形貌产生凸角的主要原因。对模型进行分析,在不同情况下对钻杆回转误差和工件低频振动产生的圆度形貌进行比较。使用FFT法得到更加清晰的凸角轮廓表达方法。

② 枪钻钻杆的绕动频率和工件的低频振动决定圆度凸角的数量和幅度。凸角的数量取决于绕动频率(f_o)或工件低频振动频率(f_w),且两者振幅最大的对圆度凸

角的影响起主要作用。而工件振动的幅度往往小于钻杆绕动的幅度,所以钻杆的回转误差是影响最终孔圆度形貌的主要原因。如果钻杆的绕动幅度和工件的振动幅度(R_a/R_ω)接近于 0 或无穷大,则可能形成对称的凸角轮廓,如果 R_a 的值与 R_ω 接近,则产生的凸角轮廓不对称。因此,为了获得对称的凸角轮廓,要使 R_a/R_ω 的值必须为 0 或 ∞。

③ 建立了圆度误差的数值模型,通过改变其中的加工因素来预测圆度误差的大小。通过计算获得在不同转速、进给速度和孔深(长径比)情况下的圆度误差。

④ 使用单一变量的思想进行实验,研究转速、进给速度和孔深(长径比)对圆度误差的影响。实验结果表明,随着转速的提高,圆度误差先减小后增加,在 1 800 r/min 时达到最小值;随着进给速度的增加,圆度误差先减小后增加,在 28 mm/min 处达到较小值;随着孔深(长径比)的增加,圆度误差逐渐减小。实验测得的数据与圆度误差的数值模型中计算得到的数据相比较,两者有很高的一致性,验证了模型的合理性和预测的可行性。

⑤ 通过响应曲面法建立了钻杆转速和进给速度对孔圆度误差的综合影响模型,并生成了综合影响曲面,直观反映了圆度形貌和加工条件的交互关系,推测最佳的加工条件是转速约为 1 800 r/min,进给速度约为 28 mm/min。结合枪钻深孔钻削的特殊性及弱刚度性,在保证钻削加工效率的情况下,建议枪钻加工钻杆转速与进给速度的匹配关系优先采用“较高转速加较低进给速度”。

第4章 枪钻加工直线度偏斜机理及试验研究

在深孔加工中,由于刀具和钻杆的偏斜,孔轴线的偏斜是不可避免的,枪钻加工的孔直线度偏斜更显著。孔的轴线偏斜是指深孔加工中实际轴线和中心轴线的偏差,而孔的直线度是评价深孔加工质量好坏的一个重要技术参数,经常以 mm/m 为单位来进行测量。在深孔加工过程中,由于种种因素,会使钻头产生很小的偏移,随着孔加工长度的增加,偏移量会越来越大,最终导致直线度无法达到加工要求。更严重时还会导致工件的报废,钻头的损坏,降低机床的加工精度及寿命等[109,110]。

影响孔直线度偏差的因素很多,例如导向套、钻杆支撑架、枪钻的直径、机床的进给速度、钻杆刚度、加工方式等[111]。到目前为止,还没有比较可靠成熟的方法来测量加工过程中孔的直线度,大都是加工完成后,对直线度的偏斜情况进行检测。本章将对影响深孔加工直线度的关键因素进行分析研究,为加工过程中预测孔的直线度提供依据。

4.1 加工方式对孔轴线偏斜的影响

按照刀具与工件的运动状态,深孔加工的加工方式可以分为刀具进给旋转、工件静止,刀具进给、工件旋转以及刀具与工件相对旋转进给,不同的加工方式对孔直线度偏斜的影响程度差别巨大。

图 4-1(a)所示是刀具与工件相对旋转进给的加工方式,在这种加工方式中,切削参数可以快速有效的调整,大大提高加工效率,同时可以增加钻杆的刚度,降低其挠度。通过这种加工方式所加工的深孔零件的直线度也是最佳的。但是刀具与工件相对旋转进给的

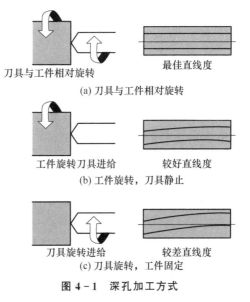

(a) 刀具与工件相对旋转

(b) 工件旋转,刀具静止

(c) 刀具旋转,工件固定

图 4-1 深孔加工方式

运动形式比较复杂,并且对机床和工人技术的要求较高。

图 4 - 1(b)所示是工件旋转、刀具进给的运动方式。在切削时的初始阶段,刀具和工件的轴线有很小的偏差,但是工件一直在绕其理想轴线做回转运动,所以偏差会随着工件加工和旋转,慢慢地在其对称方向上抵消,最终轴线的偏差逐渐减小。这种加工方式可以保证较好的孔轴线的直线度。

图 4 - 1(c)所示为刀具旋转进给并且工件固定的加工方式。由于工件固定,则工件的深孔轴线是由刀具进给的轨迹决定的,在加工时,采用这种运动形式时,如果刀具在某一方向偏斜,偏差会随着加工深度的增加而增大,最后加工出的孔轴线偏斜会很严重。所以这种加工方式加工出来的孔的直线度一般都比较差,在现实加工时很少采用此方法进行加工。

4.2　导向套偏心对深孔直线度的影响

为保证深孔加工钻削过程中所产生的径向作用力与导向套作用相平衡,通常采用偏心切削的加工方式[112]。在钻头初始切削阶段,当导向套起到支撑作用时,枪钻系统通过导向套与孔壁的挤压力与径向力达到平衡。由于导向套的偏心或者间隙过大,刀具在钻削的初始阶段会出现倾斜[113]。图 4 - 2 所示是由导向套偏斜引起加工轴线偏斜的示意图。

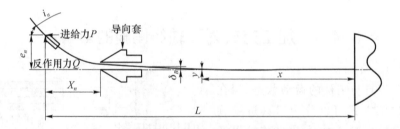

图 4 - 2　导向套错位导致的直线度偏斜示意图

图中,P 为进给力;Q 表示钻头在加工过程中所受到的回复力;L 为钻杆系统总长;δ_B 表示导向套的偏心量;x 和 y 分别表示在钻削任意深度截面上某点的横、纵坐标值。

从图 4 - 2 中可以看出,导向套偏心会导致枪钻在开始加工阶段出现偏差,偏斜量随着深孔加工深度的增加而增加,所以直线度的偏差可以表示为

$$e_n = e_{n-1} + i_{n-1}\Delta X \tag{4-1}$$

其中,e_n 表示水平孔任意深度的直线度偏差;i_{n-1} 表示刀尖偏置后与中心线的夹角;ΔX 表示机床的进给速度。由图 4 - 2 可看出,当刀尖接触工件时刀杆与中心线的偏斜位移是 δ_B,随着加工过程的进行,刀尖穿过待加工工件的表面,此后进给量将会

影响刀尖和中心线的夹角。从欧拉-伯努利梁理论可以得出，钻杆上任意一点 (x, y) 处的弯矩 $M(x, y)$ 可以表示为

$$M(x, y) = P(\delta_B - y) + Q(L - x) \tag{4-2}$$

其中，δ_B 为导向套与中心线的偏差。在任意一点 (x, y) 的偏移量 y 相对于钻杆的长度 L 的比值 y/L 都是非常小的，因此：

$$M(x, y) = EI \frac{\mathrm{d}^2 y}{\mathrm{d}x^2} \tag{4-3}$$

其中，E 为钻杆的弹性模量；I 是钻杆的横截面积。联立式(4-2)、式(4-3)可得：

$$EI \frac{\mathrm{d}^2 y}{\mathrm{d}x^2} = P(\delta_B - y) + Q(L - x) \tag{4-4}$$

在边界条件 $y(0)=0, y'(0)=0, y(L)=\delta_B$ 的作用下，方程式(4-4)又可以写成以下形式：

$$\frac{\mathrm{d}^2 y}{\mathrm{d}x^2} + \lambda^2 y = \lambda^2 \left(\delta_B + \frac{Q}{P}(L - x) \right) \tag{4-5}$$

式中

$$\lambda = \sqrt{\frac{P}{EI}} \tag{4-6}$$

求方程(4-5)的通解：

$$y(x) = U\cos\lambda x + V\sin\lambda x + \delta_B + \frac{Q}{P}(L - x) \tag{4-7}$$

其中，U 和 V 为常数。运用方程式(4-4)的边界条件 $y(0)=0, y'(0)=0, y(L)=\delta_B$，解方程式(4-7)中的常数 U 和 V：

$$\begin{cases} U = -\dfrac{\sin \lambda L}{\sin \lambda L - L\lambda \cos \lambda L}\delta_B \\[2mm] V = -\dfrac{\cos \lambda L}{\cos \lambda L - L\lambda \cos \lambda L}\delta_B \\[2mm] Q = -\dfrac{P\lambda \cos \lambda L}{\sin \lambda L - L\lambda \cos \lambda L}\delta_B \end{cases} \tag{4-8}$$

钻尖的轴线偏斜量方程是对 $y(x)$ 的一阶求导，即

$$y'(x) = -U\lambda \sin\lambda x + V\lambda \cos\lambda x - \frac{Q}{P} \tag{4-9}$$

而钻尖的初始偏斜量 i_0 可以用下式表达：

$$i_0 = y'(L) = \frac{\lambda(1 - \cos \lambda L)}{\sin \lambda L - L\lambda \cos \lambda L}\delta_B \tag{4-10}$$

钻尖的偏斜量随进给的变化而变化的关系式如下：

$$e_1 = i_0 \Delta X + \delta_B = \left[1 + \frac{\lambda(1 - \cos \lambda L)}{\sin \lambda L - L\lambda \cos \lambda L}\Delta X \right]\delta_B \tag{4-11}$$

所以，钻尖与中心线的偏差 e_n 为

$$e_n = \left[1 + \frac{\lambda(1 - \cos \lambda L)}{\sin \lambda L - L\lambda \cos \lambda L} \Delta X\right]^n \delta_B \tag{4-12}$$

在深孔加工初始阶段,当导向套偏心量为 δ 时,我们可以把枪钻加工系统的刀杆系统等同为一端固定,一端铰支的横梁体(简支梁)。如图 4-3 所示,假设在铰支端处,刀具的倾斜量为 q,轴向力为 F_x,径向反力为 N_y。则钻杆上任意截面上的弯矩为

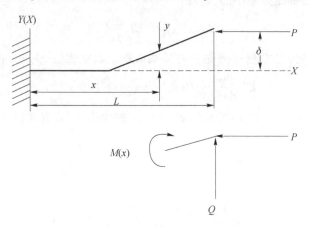

图 4-3   深孔钻削时入钻阶段的力学模型图

$$M = - F_x(y + q) + N_y(L - x) \tag{4-13}$$

由挠曲线的近似微分方程 $\dfrac{\mathrm{d}^2 y}{\mathrm{d} x^2} = \dfrac{M}{EI}$ 可得钻头挠曲线近似微分方程为

$$EI \frac{\mathrm{d}^2 y}{\mathrm{d} x^2} = - F_x(y + q) + N_y(L - x) \tag{4-14}$$

式中,E 为钻杆材料的弹性模量;I 为钻杆的截面惯性矩;L 为钻杆夹持端到钻头的长度。

令 $\dfrac{F_x}{EI} = k^2$,由式(4-14)得

$$\frac{\mathrm{d}^2 y}{\mathrm{d} x^2} + k^2 y = k^2 \left[-q + \frac{N_y}{F_x}(L - x)\right] \tag{4-15}$$

则式(4-15)通解为

$$y = A[\cos kx + B\sin kx - q + (L - x)] \tag{4-16}$$

$$\dot{y} = \left(kL \frac{N_y}{F_x} - qk\right)\sin kx - \frac{N_y}{F_x}\cos kx + \frac{N_y}{F_x} \tag{4-17}$$

由于 $\theta = \dfrac{\mathrm{d} y}{\mathrm{d} x}$,当边界条件为 $x = L$,导向套偏心量为 δ 时,则 $q = \delta$ 的钻入倾斜角 θ 及钻头在 B 点挠度分别为

$$\theta = (- k\sin kL)\delta + kL \frac{N_y}{F_x}\sin kx - \frac{N_y}{F_x}\cos kx + \frac{N_y}{F_x} \tag{4-18}$$

$$y_B = (\cos kL - 1)\delta - L\frac{N_y}{F_x}\cos kL - \frac{N_y}{F_x k}\sin kL \tag{4-19}$$

由式(4-18)和式(4-19)可得,θ 和 y 与导向套偏移量 δ 呈一次线性函数关系,这表明导向套的偏心量直接影响着加工孔轴线的直线度。因此,在实际枪钻深孔加工过程中,提高导向套的安装精度,增强钻杆刚度,并选择合适的钻杆长度,都可以有效地抑制孔轴线的偏斜。

4.3　钻杆辅助支撑对孔直线度的影响

图 4-4 所示为辅助支撑与加工孔轴线不同轴导致的钻杆轴线偏斜示意图。图 4-5 所示为支撑装置错位系统模型。在区间 $0 \leqslant x \leqslant l_1$ 和 $l_1 \leqslant x \leqslant L$ 分别有弯矩 $M_1(x)$、$M_2(x)$:

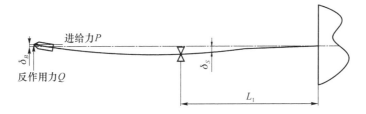

图 4-4　钻杆支撑架错位示意图

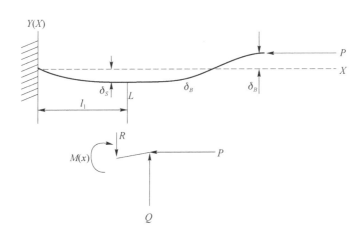

图 4-5　支撑装置错位示意图

$$M_1(x) = P(\delta_B - y) + Q(L - x) - R(l_1 - x), \quad 0 \leqslant x \leqslant l_1 \tag{4-20}$$

$$M_2(x) = P(\delta_B - y) + Q(L - x), \quad l_1 \leqslant x \leqslant L \tag{4-21}$$

其中,(x, y) 是指在 $0 \leqslant x \leqslant l_1$ 和 $l_1 \leqslant x \leqslant L$ 区间的坐标。则这两个区间内钻杆的挠度可以分别表示为

$$EI \frac{\mathrm{d}^2 y_1}{\mathrm{d}x^2} = P(\delta_B - y) + Q(L - x) - R(l_1 - x), \quad 0 \leqslant x \leqslant l_1 \quad (4\text{-}22)$$

$$EI \frac{\mathrm{d}^2 y_2}{\mathrm{d}x^2} = P(\delta_B - y) + Q(L - x), \quad l_1 \leqslant x \leqslant L \quad (4\text{-}23)$$

式(4-22)在边界条件为：$y_1(0) = 0, y_1(l_1) = y_2(l_1) = -\delta_s, y_2(L) = \delta_B$ 下可以变换成：

$$\frac{\mathrm{d}^2 y_1}{\mathrm{d}x^2} + \lambda^2 y_1 = \lambda^2 \left(\delta_B + \frac{Q}{P}(L - x) - \frac{R}{P}(l_1 - x) \right), \quad 0 \leqslant x \leqslant l_1 \quad (4\text{-}24)$$

同时公式(4-23)在边界条件为：$y_1'(0) = 0, y_1'(l_1) = y_2'(l_1)$ 下可以变换成：

$$\frac{\mathrm{d}^2 y_2}{\mathrm{d}x^2} + \lambda^2 y_2 = \lambda^2 \left(\delta_B + \frac{Q}{P}(L - x) \right), \quad l_1 \leqslant x \leqslant L \quad (4\text{-}25)$$

常数 λ 在方程(4-6)中被定义为 $\lambda = \sqrt{\dfrac{P}{EI}}$。则求出方程式(4-24)和式(4-25)的通解为

$$y_1(x) = U_1 \cos \lambda x + V_1 \sin \lambda x + \delta_B + \frac{Q}{L}(L - x) - \frac{R}{P}(l_1 - x), \quad 0 \leqslant x \leqslant l_1 \quad (4\text{-}26)$$

$$y_2(x) = U_2 \cos \lambda x + V_2 \sin \lambda x + \delta_B + \frac{Q}{P}(L - x), \quad l_1 \leqslant x \leqslant L \quad (4\text{-}27)$$

应用方程式(4-22)、式(4-23)的边界条件：$y_1(0) = 0, y_1(l_1) = y_2(l_1) = -\delta_s$，$y_2(L) = \delta_B$ 和 $y_1'(0) = 0, y_1'(l_1) = y_2'(l_1)$，可以得出如下的矩阵表达式：

$$\begin{bmatrix} 1 & 0 & 0 & 0 & L/P & -l_1/P \\ 0 & \lambda & 0 & 0 & -1/P & 1/P \\ \cos \lambda l_1 & \sin \lambda l_1 & 0 & 0 & (L - l_1)/P & 0 \\ 0 & 0 & \cos \lambda l_1 & \sin \lambda l_1 & (L - l_1)/P & 0 \\ 0 & 0 & \cos \lambda L & \sin \lambda L & 0 & 0 \\ -\lambda \sin \lambda l_1 & \lambda \cos \lambda l_1 & \lambda \sin \lambda l_1 & -\lambda \cos \lambda l_1 & 0 & 1/P \end{bmatrix} \begin{bmatrix} U_1 \\ V_1 \\ U_2 \\ V_2 \\ Q \\ R \end{bmatrix}$$

$$= \begin{bmatrix} -\delta_B \\ 0 \\ -\delta_s - \delta_B \\ -\delta_s - \delta_B \\ 0 \\ 0 \end{bmatrix} \quad (4\text{-}28)$$

简化矩阵式(4-28)，可得

$$\boldsymbol{AB} = \boldsymbol{C} \quad (4\text{-}29)$$

由式(4-29)可得

$$\boldsymbol{B} = \boldsymbol{A}^{-1} \boldsymbol{C} \quad (4\text{-}30)$$

刀尖在区间 $l_1 \leqslant x \leqslant L$ 的偏斜关系式可以表达为

$$y_2'(x) = -U_2 \lambda \sin \lambda x + V_2 \lambda \cos \lambda x - \frac{Q}{P}, \quad l_1 \leqslant x \leqslant L \quad (4\text{-}31)$$

所以,枪钻与理想中心线的偏移角 i_0 为

$$i_0 = y_2'(L) \tag{4-32}$$

当进给速度为 ΔX 时,钻头的直线度偏差为

$$e_1 = i_0 \Delta X + e_0 \tag{4-33}$$

因此可以用迭代法计算出在任一加工深度钻头与理想中心线的偏差[114]。式(4-33)
也可以作为理论依据解释由导向套和钻杆支撑装置的偏移而导致的直线度误差。
图 4-6 所示为计算被加工孔直线度偏斜量的过程示意图。

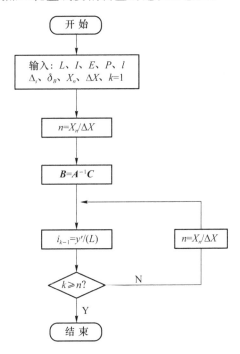

图 4-6　孔直线度偏斜量的计算流程图

4.4　试验结果分析

4.4.1　试验方案

根据之前的理论分析与计算,利用改变单一变量的方法进行如下的实验:
① 在支撑装置偏差 0.1 mm 时,研究直线度偏差的情况。
② 在支撑装置偏差 0.1 mm 时,研究不同进给速度对孔直线度的影响。
③ 在支撑装置和导向套都有 0.1 mm 偏差的情况下,研究直线度偏差的情况。

④ 在支撑装置和导向套都有 0.1 mm 偏差的情况下,研究钻杆长度对直线度偏差的影响。

⑤ 研究进给速度、钻杆转速和加工深度对孔直线度误差的影响,寻找比较合适的加工条件范围。

4.4.2 结果分析

① 导向套轴线无偏心、钻杆辅助支撑偏差为 0.1 mm 时,被加工孔直线度偏斜状况。

试验设置:机床选用 DH - 1300 型枪钻深孔加工机床。工件为 $\phi20 \times 150$ mm 的 45♯ 钢棒料。刀具直径为 $\phi11$ mm 加长型枪钻,钻杆长达 1 000 mm,钻杆的弹性模量 E 为 6.1×10^5 MPa,进给速度为 18 mm/min。

实验说明:本次实验主要是测量当导向套轴线无偏差、钻杆支撑架偏差为 0.1 mm 时,被加工孔的直线度偏差状况。对钻杆支撑架夹持枪钻钻杆的辅具进行调整,使其中心线向下偏差为 0.1 mm。用上述加装后的枪钻机床对长为 150 mm、$\phi20$ mm 的 45♯ 圆钢棒料进行加工,最后加工成一个 $\phi11$ mm 的通孔。

使用便携式三坐标测量仪在相应的加工深度测得内外径上的样本点,拟合成闭合的圆形,找到两个拟合圆的圆心。在定深度的截面上,以理论圆心为坐标原点,水平方向为 x 轴,竖直方向为 y 轴建立坐标系,得到理论圆心与实际加工圆心的位置关系,计算实际轴线与理论轴线在 x 和 y 方向上的偏移量。记录数据并计算,所得数据如表 4 - 1 所列。而在钻杆支撑架偏差 0.1 mm,导向套无偏差的情况下,直线度误差的变化曲线如图 4 - 7 所示。

表 4 - 1　直线度误差测量值与理论值

孔加工深度/mm	直线度偏差实际值/mm	直线度偏差理论值/mm
5	0.000	0.000
30	0.012	0.010
60	0.024	0.021
90	0.046	0.041
120	0.082	0.068
150	0.132	0.108

试验结论:当枪钻加工深度为 150 mm 时,直线度的理论偏差值为 0.108 mm,而测得棒料径向偏差实际值为 0.132 mm。这表明在加工孔深较小时,直线度偏差预测模型所得理论值与实际测量值基本一致,两者仅相差 0.024 mm。尽管理论值和实际值相差 0.024 mm,也说明了理论预测模型相比实际加工状况有所简化,若能够考虑多方面因素,则理论研究可能更接近于实际加工。

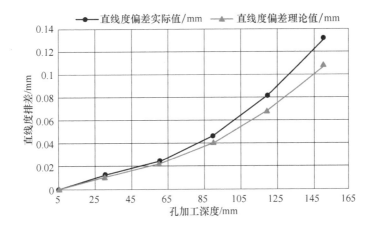

图 4 - 7　导向套无偏差、辅助支撑偏差 0.1 mm,钻杆长度为 1 000 mm、
进给量为 28 mm/min 时,被加工孔的直线度偏差

② 导向套无偏差、辅助支撑架偏差 0.1 mm,在不同进给速度时,被加工孔的直线度偏差情况。

试验设置:运用控制变量法,只改变进给量的大小,进给量由 28 mm/min 变成 18 mm/min,而其他条件不做变化。

该状态下的直线度偏差如表 4 - 2 所列,图 4 - 8 所示为相对应的直线度误差的变化曲线。

表 4 - 2　直线度加工误差与理论误差

孔加工深度/mm	直线度偏差实际值/mm	直线度偏差理论值/mm
5	0.002	0.001
30	0.017	0.015
60	0.037	0.034
90	0.043	0.039
120	0.077	0.063
150	0.096	0.081

试验结论:当枪钻加工孔深为 150 mm 时,直线度理论计算值与实际测量值的差值达到了 0.015 mm,这表明,随着进给速度的减小,轴向力减小,且直线度的偏差也随之减小。且经过测量,当进给量从 28 mm/min 变成 18 mm/min 时,直线度偏差降低了 0.036 mm。但是由于进给量的减小,进给速度也随之变小,这会增加孔的表面粗糙度,降低了加工精度。

③ 导向套轴线偏差 0.1 mm,辅助支撑装置偏差为 0.1 mm 时,加工孔轴线偏斜状况。

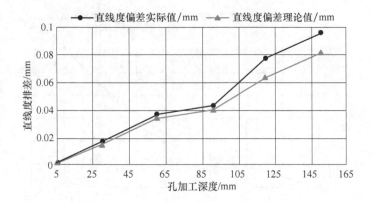

图 4-8 导向套无偏差、钻杆支撑架偏差 0.1 mm,钻杆长度为 1 000 mm、
进给量是 18 mm/min 时被加工孔的直线度偏差

试验设置:本次试验同样采用控制变量法,设置导向套的中心线偏差为 0.1 mm。
在这种状况下被加工孔的直线度偏差如图 4-9 所示,相关数据如表 4-3 所列。

表 4-3 直线度加工误差与理论误差

孔加工深度/mm	直线度偏差实际值/mm	直线度偏差理论值/mm
5	0.002	0.001
30	0.038	0.033
60	0.079	0.062
90	0.128	0.107
120	0.158	0.132
150	0.184	0.162

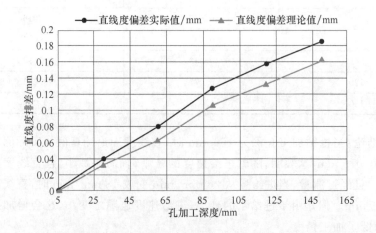

图 4-9 导向套、辅助支撑轴线均偏斜 0.1 mm,钻杆长度为 1 000 mm、
进给量为 28 mm/min 时,被加工孔的直线度偏差

　　试验结论:当导向套和辅助支撑装置的轴线偏差均为 0.1 mm 时,对比分析图 4 - 9 和图 4 - 7,可以明显得出:在导向套的中心线偏差为 0.1 mm,孔加工深度为 150 mm 时,直线度的理论偏差值为 0.162 mm,而测得棒料的径向偏差实际值为 0.184 mm。

　　④ 导向套轴线偏差 0.1 mm,辅助支撑偏差为 0.1 mm,缩短钻杆长度后,加工孔的直线度偏差情况。

　　试验设置:在其余参数保持不变的情况下,将枪钻钻杆的长度减小为 800 mm。

　　在该状况下,被加工孔的直线度偏差如图 4 - 10 所示,相关试验数据如表 4 - 4 所列。

表 4 - 4　直线度加工误差与理论误差

孔加工深度/mm	直线度偏差实际值/mm	直线度偏差理论值/mm
5	0.002	0.001
30	0.042	0.038
60	0.068	0.060
90	0.092	0.081
120	0.121	0.103
150	0.156	0.137

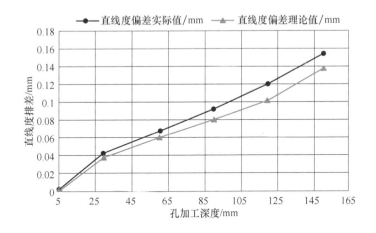

图 4 - 10　导向套、辅助支撑轴线偏差均为 0.1 mm、进给量为 28 mm/min,钻杆长度为 800 mm 时,被加工孔的直线度偏差

　　试验结论:在钻杆长度由 1 000 mm 减短为 800 mm 后,比较图 4 - 9 和图 4 - 10,可以看出加工孔直线度偏差呈现为增大的趋势。由式(4-34)可以说明这一现象:

$$i_0 = \frac{\delta_B}{L} \tag{4-34}$$

即钻杆长度 L 与钻尖倾角 i 成反比,L 越小,钻尖倾角 i 越大。

⑤ 枪钻切削速度和进给速度对加工孔直线度的影响。

试验设置：采用单一变量的思想，进给速度分别为 18 mm/min，23 mm/min，28 mm/min 和 33 mm/min，钻杆转速分别为 1 200 r/min，1 500 r/min，1 800 r/min 和 2 100 r/min。在不同的加工条件下测量直线度误差。

在不同状况下测得的直线度误差如表 4-5～表 4-8 所列。

表 4-5　进给速度为 18 mm/min 时的直线度误差

转速/(r·min⁻¹)	孔深/mm					
	5		30		60	
	x	y	x	y	x	y
1 200	−0.005 3	0.064 2	0.015 5	0.068 7	0.015 8	0.076 8
1 500	−0.003 9	0.063 5	−0.016 7	0.067 8	0.017 7	0.074 5
1 800	0.002 3	0.062 5	−0.013 5	0.066 3	0.014 2	0.072 4
2 100	0.003 3	0.064 8	−0.015 1	0.068 8	0.014 1	0.077 7

转速/(r·min⁻¹)	孔深/mm					
	90		120		50	
	x	y	x	y	x	y
1 200	−0.016 3	0.081 6	0.029 7	0.087 5	0.033 4	0.093 7
1 500	−0.022 3	0.080 1	0.032 0	0.084 7	0.031 1	0.090 2
1 800	0.023 1	0.077 9	−0.023 4	0.082 7	0.026 6	0.088 6
2 100	0.015 9	0.084 8	−0.024 1	0.087 3	−0.033 2	0.095 7

表 4-6　进给速度为 23 mm/min 时的直线度误差

转速/(r·min⁻¹)	孔深/mm					
	5		30		60	
	x	y	x	y	x	y
1 200	−0.004 4	0.063 5	0.015 0	0.067 1	0.010 1	0.074 9
1 500	−0.003 0	0.062 0	−0.016 2	0.066 7	0.017 3	0.073 6
1 800	0.001 7	0.061 9	−0.012 5	0.065 1	0.013 8	0.071 4
2 100	0.002 8	0.063 9	−0.014 1	0.067 8	0.013 2	0.076 1

转速/(r·min⁻¹)	孔深/mm					
	90		120		150	
	x	y	x	y	x	y
1 200	−0.015 9	0.080 5	0.028 5	0.086 3	0.032 1	0.092 2
1 500	−0.021 0	0.079 0	0.031 5	0.083 6	0.030 1	0.089 1
1 800	0.021 9	0.076 4	−0.022 9	0.081 5	0.025 3	0.087 1
2 100	0.015 2	0.083 1	−0.023 8	0.086 5	−0.029 9	0.094 1

表 4-7　进给速度为 28 mm/min 时的直线度误差

转速/(r·min⁻¹)	孔深/mm					
	5		30		60	
	x	y	x	y	x	y
1 200	−0.003 9	0.062 9	0.014 7	0.066 3	0.009 8	0.074 1
1 500	−0.002 7	0.062 1	−0.015 4	0.065 7	0.017 1	0.072 8
1 800	0.001 5	0.061 4	−0.011 9	0.064 9	0.013 0	0.071 0
2 100	0.002 3	0.063 3	−0.013 4	0.067 2	0.012 9	0.075 4

转速/(r·min⁻¹)	孔深/mm					
	90		120		150	
	x	y	x	y	x	y
1 200	−0.015 2	0.080 1	0.027 6	0.084 7	0.030 9	0.090 5
1 500	−0.020 3	0.078 5	0.031 2	0.083 1	0.029 7	0.088 2
1 800	0.021 5	0.075 9	−0.022 7	0.081 2	0.025 0	0.086 9
2 100	0.014 3	0.081 2	−0.023 1	0.085 9	−0.028 7	0.092 9

表 4-8　进给速度为 33 mm/min 时的直线度误差

转速/(r·min⁻¹)	孔深/mm					
	5		30		60	
	x	y	x	y	x	y
1 200	−0.006 4	0.065 3	0.017 3	0.069 8	0.017 7	0.077 1
1 500	−0.005 2	0.064 8	−0.018	0.069 2	0.018 1	0.075 8
1 800	0.002 9	0.063 7	−0.014 7	0.067 9	0.015 3	0.073 8
2 100	0.007 4	0.065 9	−0.016 8	0.069 7	0.015 6	0.079 7

转速/(r·min⁻¹)	孔深/mm					
	90		120		150	
	x	y	x	y	x	y
1 200	−0.017 7	0.083 3	0.030 7	0.089 2	0.035 1	0.095 6
1 500	−0.023 4	0.081 5	0.033 5	0.085 9	0.032 5	0.091 4
1 800	0.025 3	0.079 7	−0.024 3	0.083 9	0.028 3	0.089 6
2 100	0.017 1	0.086 7	−0.025 2	0.089 2	−0.034 3	0.097 2

　　在钻杆转速一定,改变进给速度的情况下,直线度随加工深度的变化如图 4-11 和图 4-12 所示。从图中可知,随着孔深度的增加,直线度误差增大,在进给速度为 28 mm/min 时直线度偏移量最小,33 mm/min 时直线度偏移量最大。

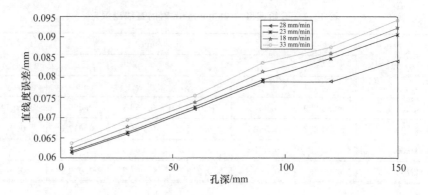

图 4-11　钻杆转速为 1 200 r/min 时直线度误差与进给速度的关系

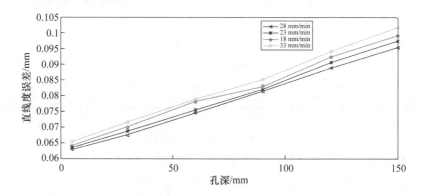

图 4-12　钻杆转速为 1 800 r/min 时直线度误差与进给速度的关系

图 4-13 和图 4-14 所示为在一定的进给速度下,直线度误差与钻杆转速的关系曲线。从图中可以得知,在进给速度不变时,直线度误差随加工深度的增加而增大,同时,当钻杆转速为 1 800 r/min 时直线度误差最小,钻杆转速为 1 200 r/min 时直线度误差最大。

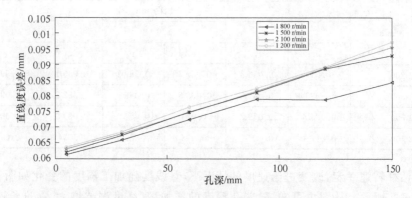

图 4-13　进给速度为 18 mm/min 时直线度误差与钻杆转速的关系

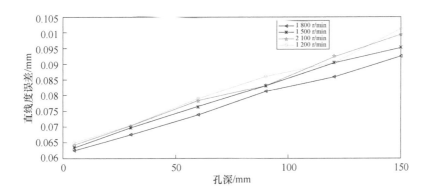

图 4 - 14　进给速度为 28 mm/min 时直线度误差与钻杆转速的关系

运用响应曲面法,综合考虑钻杆转速与进给速度对直线度的影响程度,取钻孔深度为 5 mm,60 mm 和 150 mm 处的样本点为例,影响效果如图 4 - 15 所示。

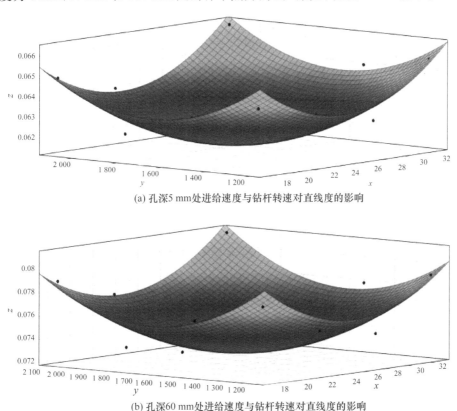

(a) 孔深5 mm处进给速度与钻杆转速对直线度的影响

(b) 孔深60 mm处进给速度与钻杆转速对直线度的影响

图 4 - 15　进给速度与钻杆转速对直线度的影响

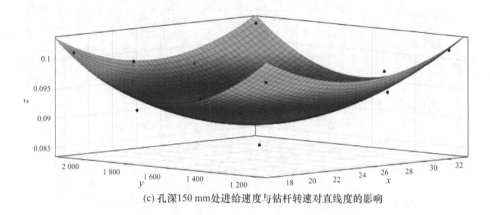

(c) 孔深150 mm处进给速度与钻杆转速对直线度的影响

图 4 - 15 进给速度与钻杆转速对直线度的影响(续)

图 4 - 15 直观地表示出了直线度随钻杆转速和进给速度的变化,在转速大约为 1 800 r/min 和进给速度大约为 28 mm/min 处,直线度误差达到最小值。且根据表 4 - 5~表 4 - 8 中的数据可以看出,y 方向上的偏差在孔直线度整体偏差中起到了主导作用,这是因为钻杆本身的重量和切削液在钻杆中的运动使得枪钻在切削过程中会在 y 方向上产生额外的力,导致在 y 方向上的偏差比 x 方向上的偏差大。总之,从提高孔加工精度,优化孔表面质量及提高加工效率的角度来综合分析,对于不同的被加工材料,切削速度和进给速度之间的匹配最优值是有差异的,但最差值的范围基本相似,即在"较低切削速度和较高进给速度"的区域。

4.5 其他因素对孔轴线直线度的影响

深孔加工相比其他普通孔的加工,其难度更大,要求更高,且加工过程相对来说更加复杂,因此孔的直线度偏斜问题一直都是深孔加工行业需要攻克的难题。深孔轴线直线度受加工方式、导向套、钻杆以及刀具初始偏差等因素影响外,还有其他各种各样复杂的和不确定的随机因素影响深孔的直线度[115-117]。

4.5.1 工件端面倾斜对孔直线度的影响

在深孔加工过程中,工件端面的倾斜将会导致不稳定的切削状态,从而会降低加工孔的直线度。当工件的端面出现倾斜,刀具在切削工件时,刀具只有一侧受力,这会使刀具切削出现不稳定状态,使孔的轴线倾斜,如图 4 - 16 所示。假设钻头的余偏角为 γ_0,工件端面的倾斜角为 θ,加工时刀具的切削状态随着倾斜角 θ 的不同而不同。

① 当 $\theta < \gamma_0$ 时,钻头的钻心最先开始接触工件;

② 当 $\theta = \gamma_0$ 时,钻头的外切削刃同时接触工件;

③ 当 $\theta > \gamma_0$ 时,只有钻头的外切削刃最先与工件接触。

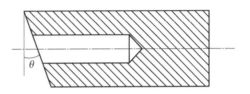

图 4-16　工件端面倾斜示意图

不管哪种情况,在钻头刚开始切削工件时,都是外切削刃和工件不连续接触的,这引起了切削力的不同,也造成了切削面积的不同,这会使切削状态十分不稳定,导致刀具在切削的初始状态就出现了偏斜,从而使工件的孔的轴线偏斜。

4.5.2　其他因素对孔轴线直线度的影响

在深孔加工中,深孔的孔轴线偏斜是不可完全避免的,上面已经分析了诸多影响深孔加工直线度的因素,但还存在许多不确定性的因素影响到深孔直线度,比如:工件的材料存在杂质,导致硬度不均;深孔加工机床的振动和其他外部振动;切削液油压的影响;工件材料热处理后的残余应力;机床中心支撑架和导向套的轴线偏差;短暂性排屑不畅[118]。这几个因素虽然对深孔直线度的影响不如前面的几个因素影响大,但这几个因素综合起来的影响还是不能忽略。这些因素都具有随机性,因而,对它们进行研究具有局限性。这就对加工工人的要求更高,需要加工工人不断地总结经验,来适应不同的情况。

4.6　小　　结

本章综合分析了深孔加工的加工方式、导向套和支撑装置的偏移、切削速度和进给速度等因素对加工孔直线度的影响规律。通过建立导向套和支撑架模型,从理论上得出减小深孔加工孔的直线度偏斜的优化方法。同时通过实验验证,得出深孔加工孔直线度和进给量、进给速度以及钻杆长度之间的变化规律。结论如下:

① 深孔加工的加工方式影响孔的直线度,刀具和工件同时旋转进给的加工方式产生的直线度误差最小,刀具进给旋转的加工方式产生的直线度误差最大。

② 通过对直线度偏差机理进行分析,建立直线度误差模型,推导出了预测直线度误差的理论公式,分析得出支撑架和导向套的偏移都会对直线度产生影响。当导向套轴线无偏差、辅助支撑装置偏移为 0.1 mm 时,随着进给速度的减小,钻削轴向推力减小,从而降低被加工孔的直线度偏差。减小枪钻钻杆的长度反而会加剧直线度的偏差。

③ 通过改变单一变量,验证进给速度、钻杆转速和加工深度(长径比)对直线度的

影响。随着进给速度的增加,直线度误差先减小后增大,在进给速度为 28 mm/min 时达到最小值。随着钻杆转速的增加,直线度误差先减小后增大,在转速为 1 800 r/min 时达到最小值。随着加工深度的增加,直线度误差也随着增大。

④ 通过响应曲面法建立进给速度和钻杆转速对于直线度影响的综合模型,从模型中可以得出,进给速度大约为 28 mm/min,钻杆转速大约为 1 800 r/min 时,直线度误差最小,通过模型可以基本确定获得较好的直线度的加工条件范围。结合枪钻深孔钻削的特殊性及弱刚度性,在保证钻削加工效率的情况下,建议枪钻加工钻杆转速与进给速度的匹配关系优先采用"较高转速加较低进给速度"。

⑤ 工件端面倾斜度和其他不确定的客观因素同样会对直线度产生影响。

第5章 枪钻加工孔表面特性试验研究

表面特性是精密加工表面质量评价指标中的一个重要参数,主要包括表面粗糙度、微观表面形态,其不仅影响着产品的后续加工效率、经济性,而且直接决定了深孔产品的尺寸精度。

影响表面特性的因素很多,其中切削参数、刀具几何参数及工件材料性能的影响虽然已经受到生产现场工程人员和相关研究学者的普遍关注,但介于深孔加工的昂贵成本,众多研究者大都是凭借实际表象来推测深孔加工的实际物理本质,对其产生机理及影响规律的研究尚需深入。加工中操作人员只能依赖"听噪声、摸钻杆、看切屑"的盲目感知来判断深孔加工的优劣,而不合理的切削参数的应用所导致的不断屑、长切屑、堵屑现象时有发生,对表面质量造成不可逆的后果,更严重则导致钻杆扭断,刀具报废,甚至影响到人身安全,从而必须配备专人以时刻注意切屑的排出状态,这给深孔加工带来了极大的附加成本。加之深孔加工孔表面质量体系评测的不完善,致使深孔加工技术远落后于其他机械加工,对于深孔钻削表面微观形态、形成规律及其与加工条件之间的映射关系至今未有量化结论。

5.1 试验方案设计

单因素试验的最大优点在于通过改变某一影响参数,可以详细、直观地反映该参数对所考察目标的影响趋势和变化规律。因此,本次试验以优化切削参数为突破口,对影响深孔加工最显著的切削参数——进给量和切削速度展开试验,并通过单因素试验参数设定,逐一探析主轴转速、进给速度和刀具磨损对表面质量的影响规律。

参考生产实际枪钻加工用量的范围,结合现有实验设备,本试验选用主轴转速为 1 200~2 100 r/min,进给速度为 18~33 mm/min。为减小表面粗糙度测量误差,提高测量精度,测量时,在绕已加工孔表圆周面每 60°夹角处分别选取一个测量点,再测量取平均值。待表面粗糙度试验完成后,以平行于孔轴线为基准,采用电火花线切割分别对每组参数下的试样进行轴向剖分取样,再制样。随后利用光学显微镜和扫描电镜(SEM)观测刀具磨损及孔表面微观形貌,并深入分析枪钻磨损特性、切屑形态与孔表面微观形貌之间的映射关系,并进行切削参数优化。

试验条件:试验中保持刀具结构参数不变,且加工系统处于稳定钻削状态。

① 刀具参数。

单槽深孔枪钻,直径 11 mm,TiAlN 涂层,与第 3 章中的试验刀具一致。

② 测试仪器。

粗糙度试验采用时代 TR260 粗糙度测量仪,其兼容 ISO、GB、DIN、ANSI、JIS 多个国家标准,用于金属与非金属加工表面粗糙度检测;大量程,多参数的特点;采用高速 DSP 处理器进行数据处理和计算,速度快,精度高,具体参数如表 5 - 1 所列。

表 5 - 1 TR260 粗糙度测量仪参数

测量参数/μm	Ra、Rz、Rq、Rt、Rp、Rv、$R3z$、$R3y$、$RzJIS$、Rsk、Rku、Rsm、Rmr
测量范围/μm	$Ra(0.005\sim16)$,$Rz(0.02\sim160)$
取样长度/mm	0.25、0.8、2.5
最大驱动行程	17.5 mm/0.7 inch
行程长度/mm	6
示值精度	0.001
示值误差	±7%～±10%
示值变动性	<6%
测量轮廓	粗糙度,波纹度,原始轮廓
滤波器	RC,PCRC,Gauss,ISO13565

表面微观形态观测利用 SU5000 高分辨率扫描电子显微镜(SEM)对每组试样进行逐一观测。如图 5 - 1 所示,测试选择加速电压为 10 kV,焦距为 9.0 mm。

VHX - 600E 超景深显微镜如图 5 - 2 所示,用来对刀具前刀面、后刀面、刀尖及刀刃等刀具磨损形态进行观测分析。

图 5 - 1 扫描电子显微镜(SEM)

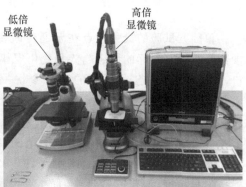

图 5 - 2 超景深显微镜

5.2　表面粗糙度试验结果及分析

表面粗糙度是指加工表面具有的较小间距和微小峰谷的不平度,其对零件间配合的稳定性和可靠性、动力消耗的降低、摩擦系数的减小、仪器的灵敏度、机械的精度、支撑面积的增大、磨损的减少、应力集中的减小、疲劳强度的增加、振动和噪音的减低等都发挥着重要的作用。实际影响深孔加工表面质量的因素主要包括刀具、切削参数、切削液、工件材质等。

5.2.1　表面粗糙度的形成机理

在实际金属切削加工中,无论刀具多么锋利,刀刃总存在一个钝圆半径 R_β,其大小与刃磨质量、刀具材质以及刀具前、后刀面的夹角有关[119]。刀具磨损会导致钝圆半径 R_β 增大。

图 5-3 所示为已加工表面形成过程,当切削层金属以速度 v 逐渐接近刀刃时,金属便发生压缩与剪切变形,最终沿剪切面 OM 方向剪切滑移而成为切屑。由于钝圆半径 R_β 的作用,故在整个切削层厚度 a_c 中,将有 Δa 一层的金属无法沿 OM 方向滑移,而是从刀刃钝圆部分 O 点下面挤压过去,即切削层金属在 O 点处分离为两部分,O 点以上部分成为切屑并沿前刀面流出,O 点以下的部分经过刀刃挤压而留在已加工表面上。后一部分金属经过刀刃钝圆部分 B 点之后,又受到后刀面上 VB 一段棱面的挤压并相互摩擦,这种剧烈的摩擦又使工件表层金属受到剪切应力,随后开始弹性恢复,假设弹性恢复的高度为 Δh,则已加工的表面在 CD 长度继续与后刀面摩擦,刀刃钝圆部分 OB、VB 及 CD 三部分构成后刀面上的总接触长度,它的接触情况对已加工质量有很大影响。

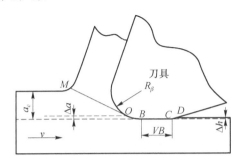

图 5-3　已加工表面形成过程

影响已加工孔表面粗糙度的主要因素包括以下几个方面:

(1) 刀具的影响

① 采用相近的加工条件,枪钻加工的孔表面粗糙度要小于麻花钻。主要是由于枪钻直刃为非对称结构,依靠导向条的平衡具有自导向功能,并且在高压、充足切削液的冲击作用下,切屑可以顺畅排出。而麻花钻刀刃为曲面形,并具有螺旋排屑槽,这使得麻花钻切削性能及排屑功效都不如枪钻加工。而切屑与已加工表面之间的摩擦越小,表面粗糙度越低,加之导向条的挤压作用使得枪钻加工的表面质量明显优于麻花钻加工。

② 钻杆刚度越大,加工过程中的颤振越小,则加工孔表面粗糙度越小。

③ 刀具磨损常会引起副后刀面上形成沟槽边界磨损,进一步导致已加工表面上锯齿状凸出部分的产生,从而影响加工孔表面质量。

(2) 切削用量的影响

① 在机床、刀具刚度允许的条件下,适当提高进给量可以增强导向条的挤压作用,从而降低加工粗糙度,但是进给量的加大应保证稳定钻削为前提。

② 切削速度对深孔加工表面粗糙度的影响与硬质合金刀车削外圆相类似,加工过程中尽量避免选择产生积屑瘤的切速区。对于中低碳未淬硬钢,宜采用大于 55 r/min 的切削速度来保证加工效率及质量。并且随着切削速度的增大,加工孔粗糙度不断改善。对于铝合金材料,提高切削速度则更利于得到优异的表面质量。而对于低合金钢,增大切削速度虽然有利于降低孔表面粗糙度,但会使得刀具寿命降低。

(3) 切削液

在深孔加工中,切削液的冷却、润滑及排屑作用至关重要。因此,深孔加工中一般采用专用的硫化、氯化切削液。并采用强制冷却保持切削液在 30～50 ℃的温度范围。

(4) 工件材质的影响

工件材质的影响是指材料本身的物理机械性能(被加工材料的弹性模量、热导率、硬度等)的影响。金属切削过程中,被加工材料的弹性形变、隆起都会对表面粗糙度的产生具有直接影响,而此类影响因素很难用具体公式表述清楚。工件材料硬度的一致性对加工粗糙度有明显的影响。对于非淬硬的塑性材料,预先进行正火处理效果较好。200～250HB 的调质钢可加工出表面很光洁的孔,但切削速度不宜过高,否则会明显地降低钻头寿命。

此外,刀具几何角度、刀具钝圆半径、副切削刃等都会对深孔加工表面产生综合影响。

5.2.2 不同切削参数下的表面粗糙度

通过测量不同切削条件下的粗糙度值并进行统计处理分析,从而得到针对 45#钢枪钻深孔加工的最佳切削速度和进给量,并定性地凸显深孔表面粗糙度随切削速度、进给量的变化趋势,指导生产实践。图 5-4(a)和(b)分别揭示了进给速度对表面粗糙度的影响(切削速度为 1 800 r/min)和表面粗糙度随不同切削速度的变化(进给速度为 28 mm/min)。总体上来讲,轮廓最大高度 Rt 比算术平均偏差 Ra 和十点平均粗糙度 $RzJIS$ 更大,变化极其明显,这是因为 Rt 值代表粗糙度轮廓中最大波峰与波谷之间的高度值,统计学上不一致。

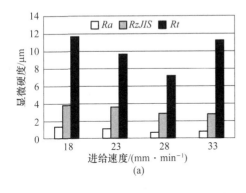
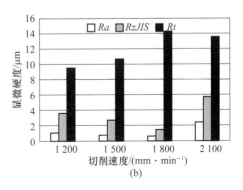

(a)　　　　　　　　　　　　　(b)

图 5 - 4　表面粗糙度变化规律

随着进给量的增大,表面粗糙度 Ra 逐渐减小,然而在通常的机械加工中,增大进给量会引起表面粗糙度的增大,主要是由于在深孔加工中,表面质量绝大部分取决于导向条的挤压作用。然而,进给量过大导致原本弱刚度的钻杆振动越显著,不稳定钻削使得表面轮廓之间的差距更大,即 Ra 值明显增大。随着切削速度的增加,表面粗糙度 Ra 先减小后增大。过大的切削速度同时诱导了钻削系统的不稳定,并且大的切削速度使得断屑不易,撕裂现象突增,转而损害了已加工表面。

从减小粗糙度值、提升表面质量的角度来分析,对于不同的工件材料,钻杆转速和进给速度之间的匹配最优值是有差异的,但最差值的区域基本是相同的,即在“低转速较高进给速度”的区域。这是因为进给速度增大,工件表层易产生撕裂现象,表面粗糙度增大。结合枪钻深孔钻削的特殊性及弱刚度性,在保证钻削加工效率的情况下,建议枪钻加工时钻杆转速与进给速度的匹配关系优先采用“较高转速＋较低进给速度”。

5.3　孔表面微观结构

不同的加工工艺、不同的切削条件所产生的表面结构各不相同。而由于深孔加工的固有弱刚度系统,故孔表面结构随切削条件的变化更加突出,同时封闭狭小的加工环境使得刀具磨损严重,进而影响加工表面质量。

刀具磨损会降低工件的加工精度,增大已加工工件的表面粗糙度,并导致切削力和切削温度急剧增加,严重的会引起整个加工工艺系统振动,阻碍了切削的正常进行。可见,刀具磨损直接影响到加工质量、加工效率和生产成本。当刀具切削工件时,前后刀面承受很大的压力,接触面温度很高。因此,刀具磨损是机械、热和化学综合作用的结果。刀具磨损主要取决于刀具材料、刀具几何角度、工件材料的物理力学性能、切削参数以及切削加工方式。不同材料刀具的磨损有不同的特点。

刀具的磨损形式主要包括边界磨损、月牙洼磨损、微崩刃、片状剥落和热裂纹等，如图 5-5 所示。刀具后刀面距切削刃较近的边缘地带会与工件发生十分强烈的摩擦，且散热比较缓慢，所以磨损比较严重，容易形成边界磨损。

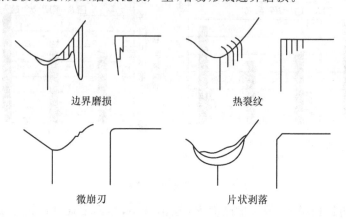

边界磨损　　　　　　　　热裂纹

微崩刃　　　　　　　　片状剥落

图 5-5　刀具磨损示意图

深孔加工中刀具的主要磨损形态如下：

（1）粘结磨损

粘结又称作吸附，在合适的作用力和温度下，当两种固体金属间的距离在原子距离范畴以内时会发生结合现象。在金属切削环境中，将由粘附造成刀具磨损的现象称作粘结磨损，又称作冷焊磨损。

（2）氧化磨损

随着切削温度的升高，刀具中的钴元素、钨元素会与大气中的氧元素发生化学反应，生成的一层比较软的氧化物被工件或切屑挤压掉而造成的刀具磨损称作氧化磨损，氧化物的粘结强度对刀具的磨损具有直接的影响。

（3）扩散磨损

扩散磨损在高温下产生。切削金属时，切屑、工件与刀具接触过程中，双方的化学元素在固态下相互扩散，改变了原来材料的成分与结构，使刀具材料变得脆弱，从而加剧了刀具的磨损。

刀具的前刀面和后刀面总是与切屑和已加工表面相互接触，产生剧烈摩擦，同时在接触区内有相当高的温度和压力。因此，在刀具前后刀面上会发生摩擦磨损。从图 5-6 中可以发现，枪钻前刀面形成月牙洼，并伴有微崩刃，造成刀尖钝化，其后刀面形成沟槽磨损带。其原因是切屑在脱离工件过程中对刀具前刀面不断地冲击，在前刀面形成一个交变载荷。而枪钻钻头本身的韧性不足和机床刚度系统的不足导致枪钻刀具的微崩刃现象不可避免。然而，磨损限度以内的微崩刃在一定程度上对工件表面质量影响并不大，所以微崩刃状态下的刀具仍可继续使用。随着钻削的进行,前刀面上的微崩刃逐渐与后刀面上的沟槽磨损相连,造成切削刃损耗,形成一个类似负倒棱的磨损带。

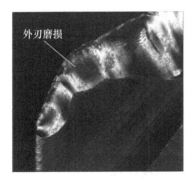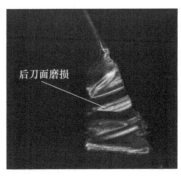

图 5 - 6　刀具磨损形态

后刀面虽然有刀具后角,但是由于切削刃并非理想的锋利,而是存在一定的钝圆,故刀具后刀面与工件表面的接触区域压力很大,存在着弹塑性变形,加之剧烈的动态钻削过程,加剧了刀具后刀面靠近切削刃位置的磨损。随着钻削的进行,已磨损的区域发生扩散磨损,造成副后刀面上产生沟槽边界磨损,这导致在已加工表面上形成锯齿状凸出部分。

枪钻的磨损使得刀刃轮廓发生改变,进而改变了枪钻的几何结构,并且在磨损区形成负前角,从而使枪钻失去了原有的有效钻削过程。一方面,枪钻刀尖的磨损使得刀尖半径变大,刀面摩擦系数增加,促进积屑瘤的产生,迫使切屑的撕裂现象增加。首先,由于积屑瘤会伸出切削刃及刀尖之外,从而产生一定的过切量。但因积屑瘤形状不规则,切削刃上各点积屑瘤的过切量不一致,导致在加工表面上沿着切削速度方向刻划出一些深浅和宽窄不同的纵向沟纹,如图 5 - 7 所示。其次,积屑瘤的顶部常是反复成长与碎裂,分裂的积屑瘤一部分附在切屑底部而排除出去,另一部分则留在已加工表面上形成鳞片状毛刺。同时积屑瘤顶部的不稳定使切削力波动而有可能引起振动,从而进一步增大加工表面粗糙度。

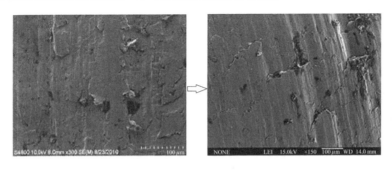

图 5 - 7　已加工表面形态

另一方面,枪钻刀尖的磨损使得钻削有效孔径减小,导致切削力发生非线性变化,并诱发自激振动,使相对位置变化的振幅更加扩大,以致影响到背吃刀量的变化,进而影响了工件的表面粗糙度。不规则的磨损带使得切屑从工件材料中撕裂、折断,不论已加工表面还是切屑外边缘都呈现出锯齿状的材料撕裂现象,如图 5 - 8 所示。

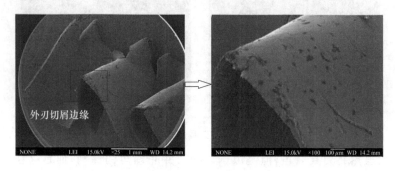

图 5 - 8　切屑形态

5.4　表面层显微硬度的结果分析

5.4.1　表面硬化的评价指标

在金属切削加工中,对于加工表面冷作硬化程度的评价指标主要包括以下三方面内容:

(1) 表面层显微硬度

通过显微硬度计可以读出压痕的对角线长度 d,维氏显微硬度的金刚石锥体的夹角为 136°,可得维氏显微硬度的计算公式为

$$HV = \frac{2F\sin\frac{\alpha}{2}}{d^2} = 0.189\,1 \times \frac{F}{d^2} \tag{5-1}$$

式中,HV 为维氏硬度;F 为试验力,单位为 N;α 为夹角。

(2) 表面层加工硬化程度 N_H

加工硬化程度表示已加工工件表面的显微硬度增加值对原始显微硬度的百分数,即

$$N_H = \frac{HV - HV_0}{HV_0} \times 100\% \tag{5-2}$$

其中,HV 为已加工表面的显微硬度值;HV_0 为工件基体的显微硬度值。

（3）表面硬化层深度 h_H

硬化层深度表示工件已加工表面到材料基体的垂直距离，硬化层深度是表征已加工工件表面层硬化程度的重要指标。一般地，硬化层深度与硬化程度的发展趋势是相似的，如公式 5-3 所示。硬化层深度的检测方法如表 5-2 所列。

$$h_H = k \frac{HV}{HV_0} \tag{5-3}$$

式中，HV 为已加工表面的显微硬度，单位为 MPa；HV_0 为原始基体材料的显微硬度，单位为 MPa；k 为与工件材料特性和加工条件相关的比例系数。

表 5-2 已加工表面层硬化深度的检测原理及方法

测试方法	测试原理
显微观察法	在宽频、高倍镜下，观察材料显微组织的变化，求出已被破坏组织的变形深度
硬度测试法	检测出垂直已加工表面方向上的硬度分布，所得硬度即为基体材料硬度所对应的深度
X 射线法	对表面层的 X 射线衍射峰进行摄影，根据深度方向上衍射线的变化求出晶格破坏的深度

5.4.2 表面硬化程度的影响因素

已加工表面层的硬化是在机械加工过程中，工件表层金属受到切削力的作用产生强烈的塑性变形，使金属的品格严重扭曲，晶粒破碎、拉长和纤维化，从而阻碍金属进一步地变形，使工件表面硬度提高，塑性降低。因此，凡影响到刀具与加工表面形变摩擦、温度改变的因素，都会影响加工表面的硬化程度。

（1）被加工材料属性

被加工材料塑性越大，其硬度越低，强化指数越大，加工表面硬化程度越高。被加工材料的熔点越低，转而减轻了加工硬化现象。

（2）刀具几何结构参数

增大刀具前角，使得切削力减小，塑性变形随之减小，因而硬化层深度 h_H 越小。越大的刀刃钝圆半径或刀具后角，增大了刀具与工件接触面积，挤压和摩擦程度亦增加，所以加工硬化也越大。在深孔加工中，刀具前角为 0° 及特殊的不对称刀具结构设计，使刀具径向切削力偏大，刀具导向条滞后于切削刃拐角，导向面定径半径大，故多重的作用效果导致深孔加工特殊的加工硬化程度。

（3）加工参数

增加切削速度，引起刀具与工件之间的接触时间缩短，塑性变形不充分，同时使得切削温度升高，增强了软化程度，因而硬化程度较低[14]。但过高的切削速度使得导热时间缩短,软化不充分,并造成表面层组织相变,形成淬火,反而增大了硬化程度。随进给量的增加,表面加工硬化的程度增大。另外,试验研究表明,针对同一种材料,相同的切削参数,车削造成的表面硬化比铣削的影响程度更大。而滚压加工是对已加工表面的二次精加工,对于表面的强化程度更高。通过对深孔钻削机理的研究可知,由深孔钻削-挤压造成的表面层硬化亦比较高。

此外,采用有效的冷却润滑措施也可使加工硬化层深度减小。

5.4.3 不同切削参数对表面硬度的影响

图 5-9(a)和(b)所示分别为在不同进给速度和切削速度下,加工表面显微硬度的变化规律。可以看出,显微硬度随切削速度的变化更大,而随着每齿进给量的增加,显微硬度显出先减小后增大的特性,并且在中等进给速度下,硬度达到最小值。同时,这也凸显了切削速度的重要性,并揭示了在该加工参数下,可切削性良好,对刀具磨损少。此外,随着进给量的进一步增大,由力学分析可知,作用于导向条的轴向和径向分力更大,从而导致加工硬化的增大。

在图 5-9(b)中,随着切削速度的增加,加工硬化程度逐渐增加。这也归功于导向条足够长,当整个导向条贯穿该固定被加载区,导向条的挤压次数也相对增加。

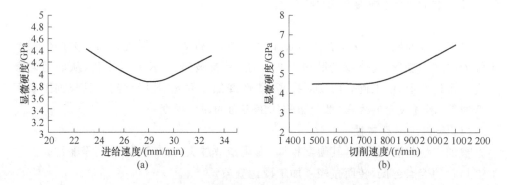

图 5-9 表面显微硬度随进给速度和切削速度的变化

5.5 枪钻加工与麻花钻加工的对比分析

5.5.1 麻花钻钻孔工艺分析

普通的浅孔通常采用标准麻花钻来进行加工,其可加工孔径范围为 0.1～80 mm,

对于特别大的孔,则在钻孔的基础上再通过车或镗削来进行扩孔。根据产品加工要求,一般采用的工艺路线为钻孔—扩孔—粗铰—精铰孔;亦采用钻孔—镗孔—粗磨—精磨—研磨的加工工艺来达到高精度要求的孔加工。

麻花钻的几何结构特性及加工特性如下:

① 麻花钻以螺旋槽结构(见图 5 - 10)来形成排屑通道,从而导致其芯部偏细、刚度较低;以两条棱带进行导向,故容易发生钻偏现象;切削横刃的存在及刃磨不当使得定心困难,轴向抵抗力大,并且钻削过程不稳定,造成较大的孔形位误差。

② 钻头的前刀面、后刀面均采用曲面结构,主切削刃上各点的前角、后角各不相同,处在钻头外缘处主切削刃的前角一般约为 30°,接近钻心处前角逐渐变为 -30°,由于近钻心处前角过小,从而造成切屑变形大,切削的阻力大;在加工硬材料时,处于近外缘处前角过大,导致切削刃强度不足,因为横刃的前角达 -55°,从而产生了很大的轴向力;沿切削刃的切削速度分配不合理,一般强度较低的刀尖切削速度较大,磨损最严重,切削条件很差,导致加工的孔精度低。

③ 标准麻花钻主切削刃较长,不利于分屑与断屑。主切削刃的全部刃参加切削,各点的切削速度不尽相同,易形成螺旋形切屑,造成排屑困难,切屑与孔壁相互挤压摩擦,划伤孔壁,导致加工后的表面粗糙度偏大。

④ 副切削刃上副后角一般采用 0°,致使孔壁与副后刀面间的摩擦增大,造成切削温度上升,钻头外缘转角处磨损较大,使得已加工表面粗糙度进一步恶化。

麻花钻的结构特点和缺陷致使其磨损快,严重影响了钻孔的效率和已加工表面质量,所以麻花钻一般只能用于粗加工,其加工尺寸精度为 IT11~IT12,表面粗糙度值一般在 12.5~6.3 μm,钻孔深度一般不超出直径的 5 倍,取值范围一般为 2~2.5 倍。

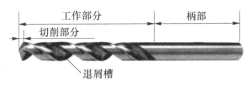

工作部分　　　柄部

切削部分

退屑槽

图 5 - 10　麻花钻示意图

5.5.2　枪钻加工工艺分析

枪钻加工因采用单切削刃,其受力较为平衡而且具有自导向功能,并且具有强力排屑及冷却润滑等优势,在小深孔加工领域中占有重要的地位,已广泛应用于航空部件制造(机舱门轴)、汽车行业(燃油注射器)和医疗(骨钉、骨螺钉)等行业。但受枪钻结构和加工原理所限,加工孔径范围一般小于 26 mm,超过 26 mm 的深孔加工则主要采用内排屑深孔钻(如 BTA 钻削,喷吸钻孔加工)。

综合枪钻结构特点及工艺特性,其生产效率高,且可以连续进给不需要中途退刀排屑,其对孔加工质量的影响主要包括以下几个方面:

① 加工孔径尺寸稳定,孔径变化范围小,一般可稳定地获得 IT9 级,甚至 IT8 级精度的孔。

② 被加工孔表面粗糙度较高,加工普通钢材粗糙度可达 1.6 以下,加工有色金属时可达 0.05～0.4。有较高的形位公差,孔圆度小于 0.005 mm,轴线平行度小于 0.2 mm/1 000 mm。

③ 适应范围广,即使加工材料硬度大于 HRC45,仍可加工。刀具耐用度高。

④ 切屑的大小和形态影响切屑的排出过程,特别是在切削液压力不足的情况下,切屑在排出过程中会划伤已加工表面,导致加工表面质量变差。

⑤ 涂层枪钻加工的孔径精度更高、孔径稳定性好、表面粗糙度更小,并且硬质合金钻杆枪钻的加工表面粗糙度优于钢杆枪钻。

⑥ 孔钻通后,孔口无飞边、毛刺。

此外,虽然枪钻具有大的长径比且钻杆为空心型,但其扭转刚度相比麻花钻要高出两倍,其加工精度(圆度、直线度、孔径误差等)和加工表面质量都比麻花钻要好很多。

5.5.3　试验对比分析

相比传统的孔加工工艺(麻花钻钻削、螺旋铣孔、镗孔、拉孔及铰孔等),枪钻加工因其高加工质量、高效率,被逐渐拓展到浅孔加工领域。为验证枪钻加工良好的加工性能,通过对不同材料的孔进行加工试验,对比分析枪钻与麻花钻加工的孔表面质量及加工精度。

图 5-11～图 5-13 所示分别为枪钻和麻花钻加工 45♯钢、铝合金、Q235 钢后的孔形态。从钻头出口处工件终端部的形态可以明显看出,不论加工何种材料,枪钻加工孔出入口都比较整洁,而麻花钻钻削的孔出入口端都常伴随着明显的毛刺。当麻花钻钻头快要钻通时,钻头下面待切除基体材料已变得足够薄,其抵抗形变的能力严重下降。而在麻花钻钻头处,由于横刃的存在,轴向推挤力更大,随着钻头进一步进给运动,变形区不断扩展,底部材料严重塑性变形,在不断的轴向进给作用下,当孔底材料的内应力达到屈服极限时,将产生向下的塑性变形,出口处的薄型材料在强推挤作用下将沿着进给方向倾斜、破裂,最终形成进给方向毛刺并滞留在工件出口端面上。从而,又需要附加去毛刺工艺,消除残留的出口毛刺的影响,这严重制约了精密制造系统及其智能加工的深层次发展。从圆度误差方面来讲,枪钻加工的孔圆度也优于麻花钻钻削孔的圆度。

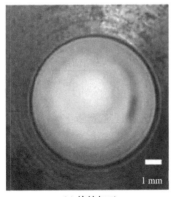
(a) 枪钻加工

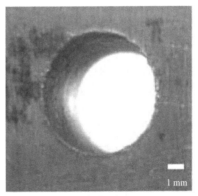
(b) 麻花钻加工

图 5 - 11　45＃钢孔加工试验

(a) 枪钻加工

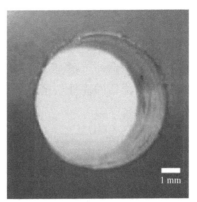
(b) 麻花钻加工

图 5 - 12　铝材孔加工试验

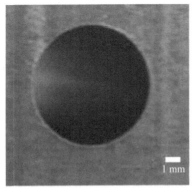
(a) 枪钻加工

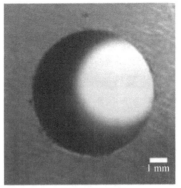
(b) 麻花钻加工

图 5 - 13　Q235 钢孔加工试验

图 5-14 所示为枪钻与麻花钻加工 45♯钢、铝合金、Q235 钢的孔表面粗糙度对比,通过分析可以发现,枪钻加工孔的表面粗糙度明显优于麻花钻钻削的孔表面粗糙度,在麻花钻加工过程中,需要间断性地退刀以利于排屑,进而损伤了已加工表面。此外,铝合金孔加工表面粗糙度比 45♯钢和 Q235 钢的孔表面粗糙度都小,主要是由于铝合金为轻金属材料,可加工性好,不论枪钻加工还是麻花钻钻削,整体表面粗糙度都较低。

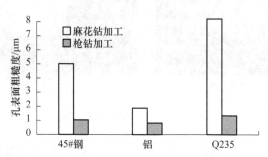

图 5-14　枪钻与麻花钻加工 45♯钢、铝合金和 Q235 钢的孔表面粗糙度

综合实验结果,枪钻加工的加工效率、加工精度以及表面质量都明显优于麻花钻加工,无疑揭示了枪钻的优异切削性能,拓宽了其应用。

5.6　小　　结

本章基于上述枪钻加工机理的研究,以孔加工表面质量为主线,根据一系列试验分析,深入研究不同切削参数对枪钻加工孔表面粗糙度、微观形貌及表面显微硬度的影响规律,并探讨了刀具磨损形态与孔表面微形态之间的作用关系。此外,通过枪钻加工与麻花钻钻削的不同工艺,对比分析了加工孔表面粗糙度、圆度及出口形态特征,凸显了枪钻加工的优势。主要得到以下结论:

① 以高度特征参数(Ra、$RzJIS$ 及 Rt)表征了不同加工参数对加工孔表面粗糙度及表面硬化程度的影响规律。研究结果表明,随着枪钻加工进给速度的增加,加工孔表面粗糙度及显微硬度均呈现出先逐渐减小再增大的趋势;随着枪钻切削速度的增大,表面粗糙度亦是先减小后增大,但加工硬化现象不断增大。

② 随着切削速度的增加,可得到卓越的孔表面微观结构,但依然存在微尺度表面损伤,这是深孔刀具自身的一种“结构缺陷”所致。虽然增大切削速度对于提高孔加工表面质量具有积极的影响,但过大的切削速度会导致弱刚度系统的枪钻加工起来困难重重。枪钻刀具前、后刀面磨损及微崩刃现象显著,这造成切削力的不稳定,使得刀尖与孔表面的相对位置变化的振幅更加扩大,以致影响工件的表面粗糙度及有效钻孔几何形态。不规则的磨损带同时导致已加工表面及切屑外边缘都呈现出

锯齿状的材料撕裂现象。同时,表面微观结构的特性与表面粗糙度的研究结果高度
一致。

③针对 45♯钢、铝合金、Q235 钢的枪钻和麻花钻孔加工试验表明:不论何种材
料,枪钻加工的孔出口形态、表面粗糙度及孔径误差均明显优于麻花钻钻削,这是由
于枪钻结构的自导向、非对称刃及连续加工优势,因此其应用势头旺盛。

总之,从提高孔加工精度、提升加工效率、优化孔表面质量方面来综合考虑,对
于不同的被加工材料,枪钻切削速度和进给速度之间的相互匹配最优值存在差异,
但是最差值的区域基本相同,即在"低切削速度较高进给速度"的区域。结合枪钻深
孔钻削的特殊性及弱刚度性,在保证钻削加工效率的情况下,建议枪钻加工钻杆转
速与进给速度的匹配关系优先采用"较高切削速度＋较低进给速度"。

第6章　基于三导向条结构的枪钻深孔加工圆度优化方法研究

为了改善枪钻深孔加工圆度形貌,基于导向条对加工孔表面的影响机制与枪钻结构特点,本章提出三导向条枪钻优化结构。将枪钻系统简化为欧拉-伯努利梁结构进行力学研究,分别对两导向条与三导向条结构枪钻进行受力分析,建立计算模型,通过矩阵计算,对比验证三导向条结构在加工孔圆度方面的优化效果。并使用有限元软件分别对枪钻进行动力学分析,进一步验证其三导向条结构的优化效果。

6.1　三导向条枪钻结构

根据导向条对加工孔表面的弹塑性变形,针对圆度误差中出现的凸角问题,本章使用三导向条结构的新型枪钻来优化加工孔圆度形貌。普通枪钻的钻头部分一般有两个导向条,分别位于距切削刃 90° 和 180° 的地方,两导向条宽度之和约为枪钻钻头直径的 1/2。设计的第三导向条位于距切削刃 210° 的位置[58],导向条宽度约为钻头直径的 1/4。图 6-1 所示为三导向条枪钻钻头结构图。

图 6-1　三导向条枪钻钻头结构图

6.2　三导向条枪钻的结构分析

6.2.1　枪钻加工系统模型

对所使用的枪钻加工机床进行分析,建立如图 6-2 所示的枪钻加工系统模型图,由于钻杆的弱刚性,故采用两个辅助支撑装置以增强钻削过程中钻杆的刚度。加工过程中采用工件固定、枪钻旋转的加工方式。

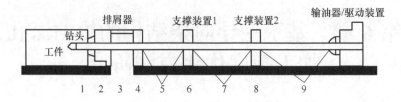

图 6-2 枪钻深孔加工系统模型

为了计算方便,将图6-2所示的枪钻深孔加工系统离散为9段梁结构,且每段具有均匀的结构特性,如图6-3所示,根据欧拉-伯努利梁定理,钻杆系统的动力学方程为[58]

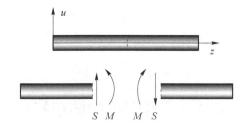

图 6-3 梁单元

$$\rho A \frac{\partial^2 U}{\partial t^2} + c \frac{\partial U}{\partial t} + kU + EI \frac{\partial^4 U}{\partial z^2} = 0 \qquad (6-1)$$

式中,E表示钻杆的纵向弹性模量;I表示钻杆的转动惯性矩;ρ表示钻杆的材料密度;A表示钻杆的横截面积;t表示时间;k和c分别表示分布弹性系数和外部支撑装置的分布黏性阻尼系数。则每一梁单元上的弯矩M和剪切力S为

$$M = EI \frac{\partial^2 u}{\partial z^2} \qquad (6-2)$$

$$S = -EI \frac{\partial^3 u}{\partial z^3}$$

6.2.2 优化前后枪钻钻头的受力对比分析

枪钻钻头与钻杆的一段相连,以角速度ω匀速转动,同时沿轴线方向以恒定进给量v运动。图6-4与图6-5分别是普通枪钻和优化后枪钻结构在切削平面上的受力分析简化图。

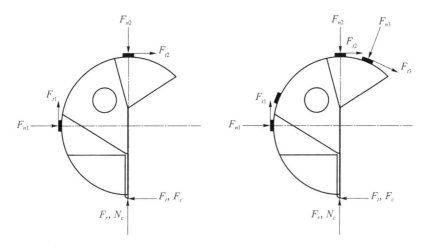

图 6-4　普通枪钻受力图　　　　图 6-5　优化枪钻受力图

用 i 标记导向条，$i=1,2,3$，导向条与切削刃的夹角用 α_i 表示，刀具通过导向条和外刃受到来自于工件的力，外刃受到切削力。此外，外切削刃和导向条与钻孔接触受到挤压力。主切削力和径向力分别用 F_t 和 F_r 表示，N_c 与 F_c 分别表示作用于枪钻切削刃上的法向力与摩擦力。此外，作用在导向条 i 上的法向力和摩擦力分别用 F_{ni} 和 f_{ti} 表示。在模型中假设以下条件成立：

① 刀具可以视为质点；

② 切削力与刀具在 x 轴方向上的位移成正比；

③ 可将法向力建模为线性弹簧及阻尼器，摩擦力是库伦摩擦力；

④ 切削刃和导向条与被加工工件在 xy 平面内点接触。

设刀具在 x 轴和 y 轴上的位移分别为 $x_E(t)$ 和 $y_E(t)$，它们对应钻杆末端的位移。当枪钻的进给量为 v 时，切割面积的变化表示为 $vx_E(t)$，则切削力与径向切削力的变化如下，其中 b 为主切削力与径向切削力之间的比值，本书中取 0.32：

$$\begin{cases} F_t = K_c \delta x_E(t) \\ F_r = bF_t \end{cases} \tag{6-3}$$

将切削刃和工件在轴向的接触长度表示为 $n_c v$，切削刃与钻孔表面 n_c 区域上的工件相接触。刀具在此区域内切割的时间记为 $t - 2\pi l/\omega$，其中 $l = 1, \cdots, n_c$。用 k_c 和 c_c 分别表示弹性系数和每单元上的阻尼系数，μ_c 表示动摩擦系数。切削刃和工件间作用的法向力及摩擦力的表达式如下：

$$\begin{cases} F_{ni} = \sum_{l=1}^{n_c} \left\{ k_c v \left[x_E(t) - x_E\left(t - \frac{2\pi l}{\omega}\right) \right] + c_c v \left[\dot{x}(t) - \dot{x}_E\left(t - \frac{2\pi l}{\omega}\right) \right] \right\} \\ \quad = v \left\{ n_c \left[k_c x_E(t) + c_c \dot{r}_i(t) \right] - \sum_{l=1}^{n_c} \left[k_c x_E\left(t - \frac{2\pi l}{\omega}\right) + c_c \dot{x}_E\left(t - \frac{2\pi l}{\omega}\right) \right] \right\} \\ F_c = u_c N_c \end{cases} \tag{6-4}$$

在式（6-4）中 $\left\{ k_c v \left[x_E(t) - x_E\left(t - \dfrac{2\pi l}{\omega}\right) \right] + c_c v \left[\dot{x}(t) - \dot{x}_E\left(t - \dfrac{2\pi l}{\omega}\right) \right] \right\}$ 表示切削刃和工件之间的接触部分在切割一个周期内受到的法向力。而导向条 i 的位移可以表示为

$$r_i(t) = x_E(t)\cos\alpha_i - y_E(t)\sin\alpha_i \tag{6-5}$$

使导向条 i 在一个旋转周期内和工件在轴向上的接触长度为 $n_g v$，导向条与钻孔表面 n_g 区域上的工件相接触，接触时间设为 $t - (\alpha_i + 2\pi l)/\omega$，其中 $l = 0, \cdots, n_g - 1$。弹性系数与每单元上的阻尼系数分别为 k_g 和 c_g，动摩擦系数为 μ_g。因此，导向条和工件间作用的法向力和摩擦力可表示为

$$
\left\{
\begin{aligned}
F_{ni} &= \sum_{l=0}^{n_g-1} \left\{ k_g v \left[r_i(t) - x_E\left(t - \frac{\alpha_i + 2\pi l}{\omega}\right) \right] + c_g v \left[\dot{r}_i(t) - x_E\left(t - \frac{\dot{\alpha}_i + 2\pi l}{\omega}\right) \right] \right\} \\
&= v \left\{ n_g \left[k_g r_i(t) + c_g \dot{r}_i(t) \right] - \sum_{l=0}^{n_i-1} \left[k_g x_E\left(t - \frac{\alpha_i + 2\pi l}{\omega}\right) + c_g x_E\left(t - \frac{\dot{\alpha}_i + 2\pi l}{\omega}\right) \right] \right\} \\
f_{ti} &= \mu_g F_{n_i}
\end{aligned}
\right.
\tag{6-6}
$$

根据受力图可知，切削平面上作用在刀具 x 轴和 y 轴上的力的分量是作用在切削刃和导向条上的力的总和，即

$$
\left\{
\begin{aligned}
F_x &= -F_t - f_c - \sum_{i=1}^{i(\max)} (F_{ni}\cos\alpha_i + f_{ti}\sin\alpha_i) \\
F_y &= F_r + N_c + \sum_{i=1}^{i(\max)} (N_i\sin\alpha_i - F_i\cos\alpha_i)
\end{aligned}
\right.
\tag{6-7}
$$

使角位移、剪切力和钻杆在 xz 平面内的弯矩分别为 θ^x、S^x 和 M^x。同样，在 yz 平面上，让它们分别为 θ^y、S^y 和 M^y。此外，下标 O 和 E 分别表示钻杆的底座和末端。根据刀具的运动方程和力矩的平衡方程，可以得到

$$
\left\{
\begin{aligned}
m\ddot{x}_E &= F_x - S_E^x \\
m\ddot{y}_E &= F_y - S_E^y
\end{aligned}
\right.
\tag{6-8}
$$

$$
\left\{
\begin{aligned}
M_E^x &= 0 \\
M_E^y &= 0
\end{aligned}
\right.
\tag{6-9}
$$

特征方程可以通过过渡矩阵得到，过渡矩阵可以通过钻杆每一个单元上的转置矩阵相乘获得，每一个单元都有不同的支撑条件，计算边界条件就能得到特征方程。考虑钻杆中的一个单元，使单元的长度为 L。假设横向位移、角位移、弯矩和单元在 xz 平面或 yz 平面上的剪切力如下：

$$
\begin{cases}
u(z,t) = \tilde{U}(z)\mathrm{e}^{\omega st} \\[2mm]
\theta(z,t) = \dfrac{\partial u}{\partial z} = \tilde{\Theta}(z)\mathrm{e}^{\omega st} \\[2mm]
M(z,t) = \tilde{M}(z)\mathrm{e}^{\omega st} \\[2mm]
S(z,t) = \tilde{S}(z)\mathrm{e}^{\omega st}
\end{cases}
\tag{6-10}
$$

其中, s 表示相对于无量纲时间 ωt 的特征值。使状态向量为 $[\tilde{U}\tilde{\Theta}\tilde{M}\tilde{S}]^{\mathrm{T}}$,钻杆上每一个单元的转置矩阵如下:

$$
\boldsymbol{F} = \begin{bmatrix}
f_1(L) & \dfrac{f_2(L)}{\beta} & \dfrac{f_3(L)}{EI\,\beta^2} & -\dfrac{f_4(L)}{EI\,\beta^3} \\[3mm]
\beta f_4(L) & f_1(L) & \dfrac{f_2(L)}{EI\beta} & -\dfrac{f_3(L)}{EI\,\beta^2} \\[3mm]
EI\,\beta^2 f_3(L) & EI\beta f_4(L) & f_1(L) & -\dfrac{f_2(L)}{\beta} \\[3mm]
-EI\,\beta^3 f_2(L) & -EI\,\beta^2 f_3(L) & -\beta f_4(L) & f_1(L)
\end{bmatrix}
\tag{6-11}
$$

其中, β 和 $f_1 - f_4$ 如下:

$$
\beta = \sqrt[4]{-\frac{\rho A \omega^2 s^2 + c\omega s + k}{EI}}
\tag{6-12}
$$

$$
\begin{cases}
f_1(z) = \dfrac{\cos h\beta z + \cos \beta z}{2} \\[3mm]
f_2(z) = \dfrac{\sin h\beta z + \sin \beta z}{2} \\[3mm]
f_3(z) = \dfrac{\cos h\beta z - \cos \beta z}{2} \\[3mm]
f_4(z) = \dfrac{\sin h\beta z - \sin \beta z}{2}
\end{cases}
\tag{6-13}
$$

当钻杆上 1～9 单元的过渡矩阵分别表示为 $\boldsymbol{F}_1 \sim \boldsymbol{F}_9$,则钻杆基座和末端之间的过渡矩阵为

$$
\boldsymbol{T} = \begin{bmatrix}
t_{11} & t_{12} & t_{13} & t_{14} \\[2mm]
t_{21} & t_{22} & t_{23} & t_{24} \\[2mm]
t_{31} & t_{32} & t_{33} & t_{34} \\[2mm]
t_{41} & t_{42} & t_{43} & t_{44}
\end{bmatrix} = \boldsymbol{F}_9 \cdots \boldsymbol{F}_2 \boldsymbol{F}_1
\tag{6-14}
$$

同样,刀具的位移和作用在刀具上的力表示为

$$
\begin{cases}
x_E(t) = \tilde{X}_E \mathrm{e}^{\omega st} \\
y_E(t) = \tilde{Y}_E \mathrm{e}^{\omega st} \\
F_x(t) = \tilde{F}_x \mathrm{e}^{\omega st} \\
F_y(t) = \tilde{F}_y \mathrm{e}^{\omega st}
\end{cases}
\tag{6-15}
$$

联立公式(6.3)、式(6.4)、式(6.6)、式(6.7)和式(6.15)得到以下方程:

$$
\begin{cases}
\tilde{F}_x = -\gamma_{11}\,\tilde{x}_E - \gamma_{12}\,\tilde{y}_E \\
\tilde{F}_y = -\gamma_{21}\,\tilde{x}_E - \gamma_{22}\,\tilde{y}_E
\end{cases}
\tag{6-16}
$$

其中

$$
\begin{cases}
\gamma_{11} = v\big[bk_c + (k_c + c_c\omega s)(n_c - D_c) + \\
\qquad \sum_{i=1}^{i(\max)} (k_g + c_g\omega s)(n_g \cos\alpha_i - D_i)(\cos\alpha_i + \mu_g\sin\alpha_i)\big] \\
\gamma_{12} = -v\sum_{i=1}^{i(\max)} (k_g + c_g\omega s)n_g\sin\alpha_i(\cos\alpha_i + \mu_g\sin\alpha_i) \\
\gamma_{21} = v\big[k_c + \mu_c(k_c + c_c\omega s)(n_c - D_c) - \\
\qquad \sum_{i=1}^{i(\max)} (k_g + c_g\omega s)(n_g \cos\alpha_i - D_i)(\sin\alpha_i - \mu_g\cos\alpha_i)\big] \\
\gamma_{22} = v\sum_{i=1}^{i(\max)} (k_g + c_g\omega s)n_g\sin\alpha_i(\sin\alpha_i - \mu_g\cos\alpha_i)
\end{cases}
\tag{6-17}
$$

$$
\begin{cases}
D_c = \sum_{l=1}^{n_c} \mathrm{e}^{-2\pi ls} = \mathrm{e}^{-2\pi s}\dfrac{1 - \mathrm{e}^{-2\pi n_c s}}{1 - \mathrm{e}^{-2\pi s}} \\
D_i = \sum_{l=1}^{n_g-1} \mathrm{e}^{-(\alpha_i + 2\pi l)s} = \mathrm{e}^{-\alpha s}\dfrac{1 - \mathrm{e}^{-2\pi n_g s}}{1 - \mathrm{e}^{-2\pi s}}
\end{cases}
\tag{6-18}
$$

钻杆在首段和末端的弯矩和剪切力如下:

$$
\begin{cases}
M_O^x(t) = \tilde{M}_O^x \mathrm{e}^{\omega st},\ M_O^y(t) = \tilde{M}_O^y \mathrm{e}^{\omega st} \\
S_O^y(t) = \tilde{S}_O^y \mathrm{e}^{\omega st},\ S_O^x(t) = \tilde{S}_O^x \mathrm{e}^{\omega st} \\
M_E^x(t) = \tilde{M}_E^x \mathrm{e}^{\omega st},\ M_E^y(t) = \tilde{M}_E^y \mathrm{e}^{\omega st} \\
S_E^x(t) = \tilde{S}_E^x \mathrm{e}^{\omega st},\ S_E^y(t) = \tilde{S}_E^y \mathrm{e}^{\omega st}
\end{cases}
\tag{6-19}
$$

钻杆的末端为固定端。因此,方程(6-19)可以通过式(6-14)中的过渡矩阵 $\boldsymbol{T}$ 得到

$$
\begin{cases}
\widetilde{Y}_E = t_{13}\widetilde{M}_O^y + t_{14}\widetilde{S}_O^y, \quad \widetilde{X}_E = t_{13}\widetilde{M}_O^x + t_{14}\widetilde{S}_O^x \\
\widetilde{M}_E^y = t_{33}\widetilde{M}_O^y + t_{34}\widetilde{S}_O^y, \quad \widetilde{M}_E^x = t_{33}\widetilde{M}_O^x + t_{34}\widetilde{S}_O^x \\
\widetilde{S}_E^x = t_{43}\widetilde{M}_O^x + t_{44}\widetilde{S}_O^x, \quad \widetilde{S}_E^y = t_{43}\widetilde{M}_O^y + t_{44}\widetilde{S}_O^y
\end{cases}
\tag{6-20}
$$

联立公式(6-8)、式(6-9)、式(6-15)、式(6-16)和式(6-19),得到等式(6-21)和式(6-22)如下：

$$
\begin{cases}
(m\omega^2 s^2 + \gamma_{11})\widetilde{x}_E + \gamma_{12}\widetilde{y}_E + \widetilde{S}_E^x = 0 \\
\gamma_{21}\widetilde{x}_E + (m\omega^2 s^2 + \gamma_{22})\widetilde{y}_E + \widetilde{S}_E^y = 0
\end{cases}
\tag{6-21}
$$

$$
\begin{cases}
\widetilde{M}_E^x = 0 \\
\widetilde{M}_E^y = 0
\end{cases}
\tag{6-22}
$$

再将式(6-20)代入式(6-21)和式(6-22)中,可以得到

$$
\begin{bmatrix}
\hat{\gamma}_{11}t_{13}+t_{43} & \hat{\gamma}_{11}t_{14}+t_{44} & \gamma_{12}t_{13} & \gamma_{12}t_{14} \\
\gamma_{21}t_{13} & \gamma_{21}t_{14} & \hat{\gamma}_{22}t_{13}+t_{43} & \hat{\gamma}_{22}t_{14}+t_{44} \\
t_{33} & t_{34} & 0 & 0 \\
0 & 0 & t_{33} & t_{34}
\end{bmatrix}
\begin{bmatrix}
\widetilde{M}_O^x \\
\widetilde{S}_O^x \\
\widetilde{M}_O^y \\
\widetilde{S}_O^y
\end{bmatrix}
=
\begin{bmatrix}
0 \\ 0 \\ 0 \\ 0
\end{bmatrix}
\tag{6-23}
$$

其中

$$
\begin{cases}
\hat{\gamma}_{11} = m\omega^2 s^2 + \gamma_{11} \\
\hat{\gamma}_{22} = m\omega^2 s^2 + \gamma_{22}
\end{cases}
\tag{6-24}
$$

最后,特征方程可以表示为

$$
\begin{vmatrix}
\gamma_{11}t_{13}+t_{43} & \gamma_{11}t_{14}+t_{44} & \gamma_{12}t_{13} & \gamma_{12}t_{14} \\
\gamma_{21}t_{13} & \gamma_{21}t_{14} & \gamma_{22}t_{13}+t_{43} & \gamma_{22}t_{14}+t_{44} \\
t_{33} & t_{34} & 0 & 0 \\
0 & 0 & t_{33} & t_{34}
\end{vmatrix}
= 0
\tag{6-25}
$$

表 6-1 所列为枪钻深孔加工过程相关参数,将参数代入以上计算公式中,通过数值计算得到上述特征方程的特征根 $s = \sigma + jN(j = \sqrt{-1})$。特征根实部 σ 表示刀痕产生现象的稳定性。如果根的实部为正,则会产生刀痕。相反,如果根的实部为负,则不会产生刀痕。根的虚部 N 反映的是在无量纲 ωt 下切割平面上凸角的个数。图 6-6 和图 6-7 分别表示两导向条枪钻与三导向条枪钻结构的特征根随深度的

变化。

表 6-1　枪钻深孔加工过程相关参数

加工参数	参数大小	加工参数	参数大小
n_c	20	$k_g/(\text{N} \cdot \text{m}^{-2})$	5.0×10^7
$C_g/(\text{N} \cdot \text{s} \cdot \text{m}^{-2})$	2.5×10^5	$k_c/(\text{N} \cdot \text{m}^{-2})$	5.0×10^7
$\alpha_1/(°)$	90	$\alpha_2/(°)$	180
n_g	40	μ_c	0.1
μ_g	0.1	b	0.1
$C_s/(\text{N} \cdot \text{s} \cdot \text{m}^{-2})$	2.5×10^3	ξ/m	7.5×10^{-5}
$K_c/(\text{N} \cdot \text{m}^{-2})$	1×10^3	$E/(\text{N} \cdot \text{m}^{-2})$	2×10^{11}

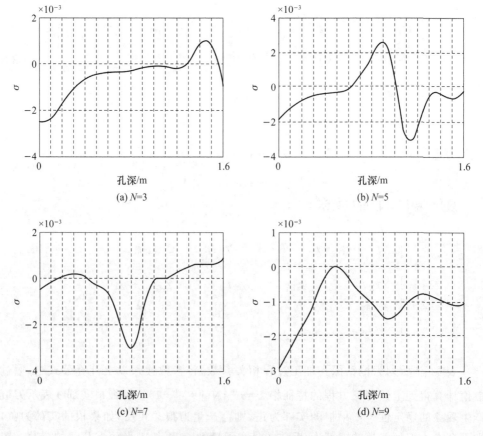

(a) $N=3$　　　　　　　　　　(b) $N=5$

(c) $N=7$　　　　　　　　　　(d) $N=9$

图 6-6　两导向条结构枪钻特征根随深度的变化

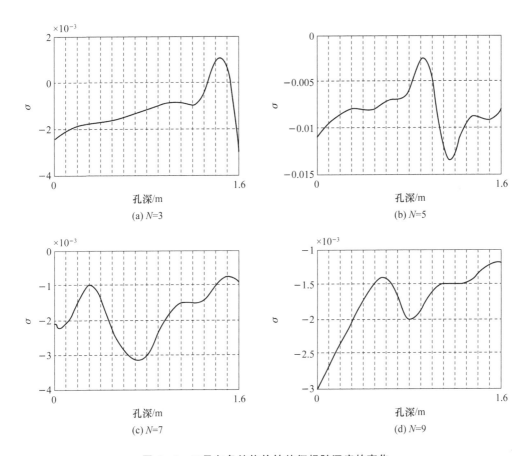

图 6 - 7　三导向条结构枪钻特征根随深度的变化

由图 6 - 6 可知,在本章设定的加工条件下,在加工孔的末段容易出现具有 3 个凸角的圆度形貌,在加工孔中段易出现具有 5 个凸角的圆度形貌,在加工孔的初段易出现具有 7 个凸角的圆度形貌,不会出现具有 9 个凸角甚至更多凸角的圆度形貌。从图 6 - 7 中可以看出,加工过程的末段还是会在小的深度范围内产生 3 个凸角的圆度变形,但是其余的圆度变形情况都得到了有效的抑制。

6.3　三导向条枪钻与普通枪钻的模态分析

6.3.1　模态分析简介

模态分析[47](Model Analysis)也称为自由振动分析,其作用在于确定结构或者机器零部件所具有的振动特性,它是一种用于研究结构动力特性的方法,是工程振动领域中用到的一种系统辨别方法。机械结构的每一阶模态都有其特定的固有频率和该频率对应的振型及阻尼比。

对于模态分析,振动频率 ω_i 和模态 ϕ_i 可由以下方程计算得到:

$$([K]-\omega_i^2[M])\{\phi_i\}=0 \tag{6-26}$$

式中,$[K]$ 表示刚度矩阵;$[M]$ 表示质量矩阵。

对系统进行模态分析,旨在获得其模态参数,为分析系统振动特性、振动故障及系统动力特性的优化提供参考依据。模态应用分析可归结为:

① 评价现有结构系统的动态特性。

② 应用于新产品的设计中,以预估或优化其结构动态特性。

③ 诊断及预报结构系统故障。

④ 控制结构的辐射噪声。

⑤ 识别结构系统的载荷。

ANSYS Workbench 是 ANSYS 的新一代应用及开发平台,是集成的工具,拥有强大的模态分析能力。使用 ANSYS Workbench 进行模态分析的步骤为:①设计几何图形;②设置材料属性;③定义接触区域;④定义网格控制;⑤定义分析类型;⑥加支撑;⑦求解频率测试结果;⑧设置频率测试选项;⑨求解;⑩查看结果。

6.3.2　枪钻三维模型建立

使用 SolidWorks 三维建模软件进行建模,并将文件保存为 x.t 的格式,将其导入 ANSYS Workbench 仿真软件中进行分析。导入后的模型如图 6-8 所示。

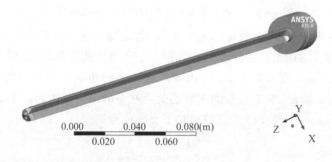

0.000　　　0.040　　　0.080(m)
　　0.020　　　0.060

图 6-8　枪钻三维模型

6.3.3　设置材料属性

如图 6-9 所示,设置钻头材料为 YG8 硬质合金,钻柄及钻杆材料设置为结构钢,其材料具体参数如表 6-2[33] 所列。

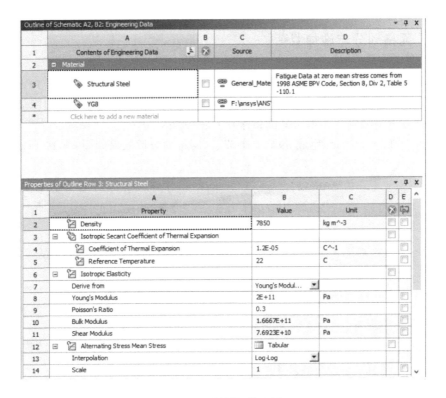

图 6 - 9　材料属性设置

表 6 - 2　枪钻材料参数

参数	钻头	钻杆/钻柄
弹性模量/GPa	610	210
泊松比	0.21	0.269
密度/(kg·m⁻³)	14.7×10^3	7.85×10^3
剪切弹性模量/GPa	252.1	76.9
抗压/拉强度/GPa	4.47	0.46
抗弯强度/GPa	1.5	0.25
屈服强度/GPa	1.8	0.25

6.3.4 网格划分与施加载荷

ANSYS Workbench 仿真软件中提供 ANSYS Meshing 网格划分平台,该平台的作用是提供通用的网格划分工具,即其所划分的网格不受分析类型的限制,可应用于任意分析类型中。本章定义网格采用自由网格划分方法,网格大小为 5 mm,一共划分了 20 960 个单元,生成 39 733 个节点,网格划分后效果如图 6-10 所示。

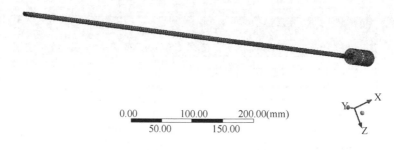

图 6-10 网格划分

根据第 2 章中计算枪钻钻头受力大小的计算公式,分别对两导向条结构枪钻与三导向条结构枪钻施加载荷,如图 6-11 所示。

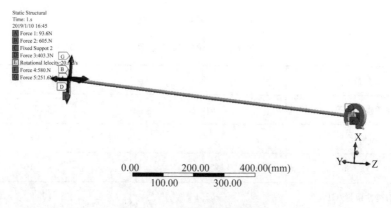

图 6-11 枪钻施加载荷情况

6.3.5 枪钻加工模态仿真结果分析

对两导向条枪钻和三导向条枪钻进行模态分析,仿真结果如图 6-12 和图 6-13 所示。

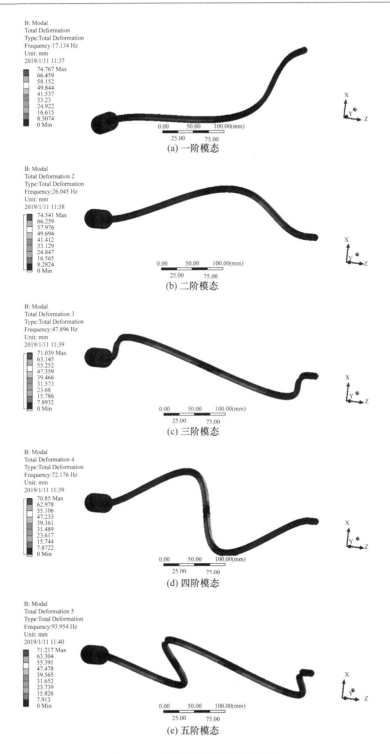

图 6 – 12　两导向条枪钻模态分析

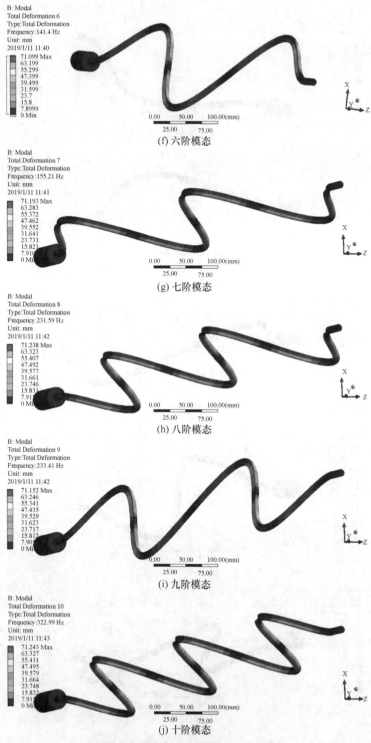

图 6－12　两导向条枪钻模态分析(续)

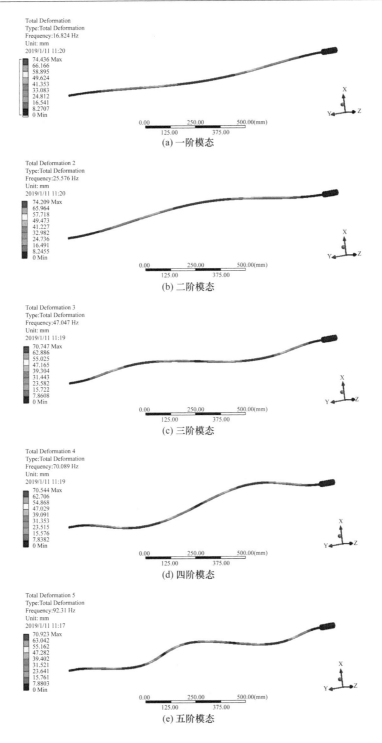

图 6 - 13　三导向条枪钻模态分析

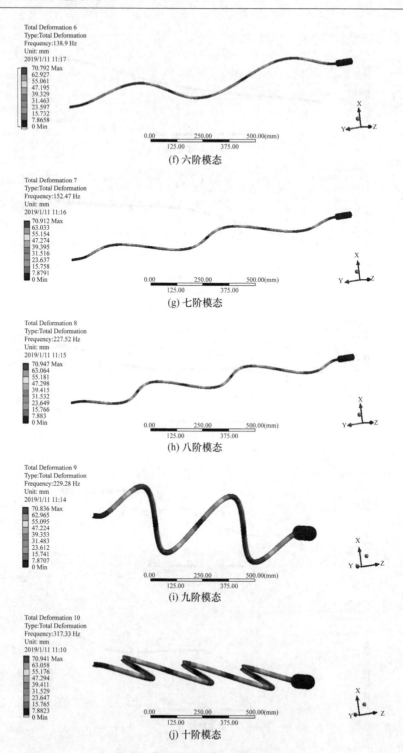

(f) 六阶模态

(g) 七阶模态

(h) 八阶模态

(i) 九阶模态

(j) 十阶模态

图 6 - 13　三导向条枪钻模态分析(续)

统计仿真数据可以得到各阶模态下的振动频率和最大形变量如表 6-3 所列，变化规律如图 6-14 和图 6-15 所示。

表 6-3　各阶模态分析对比

模态	两导向条枪钻		三导向条枪钻	
	振动频率/Hz	形变量/mm	振动频率/Hz	形变量/mm
一阶模态	17.134	74.767	16.824	74.436
二阶模态	26.045	74.541	25.576	74.209
三阶模态	47.896	71.039	47.047	70.747
四阶模态	72.176	70.85	70.897	70.554
五阶模态	93.954	71.217	92.31	70.923
六阶模态	141.4	71.099	138.9	70.792
七阶模态	155.21	71.193	152.47	70.192
八阶模态	231.59	71.238	227.52	70.947
九阶模态	233.41	71.152	229.28	70.836
十阶模态	322.99	71.243	317.33	70.941

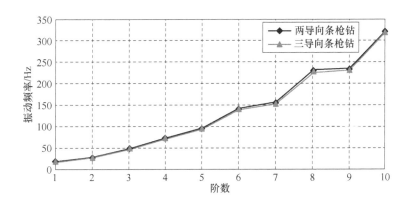

图 6-14　模态振动频率

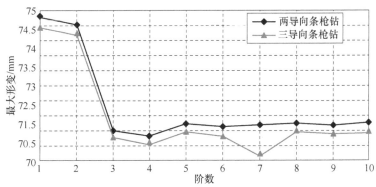

图 6-15　模态振动最大形变

根据各阶模态的数据分析图可知,随着模态阶数的增加,枪钻系统的固有频率逐渐升高,而最大形变量在前两阶有明显的下降,之后逐渐趋于稳定,对比优化枪钻结构与普通枪钻结构,三导向条结构枪钻的各阶固有频率和最大形变量相较于两导向条结构枪钻都有一定的减小,可见,本章设计的三导向条枪钻结构有效降低了涡动的幅度,可以在一定程度上改善深孔加工圆度形貌,提升加工的稳定性。

6.4 小　　结

基于前几章对于圆度误差的研究和导向条对于加工孔表面的影响机制,本章提出一种有三导向条的优化枪钻结构。并通过受力分析、数值计算与模态分析对三导向条结构与普通两导向条结构加工产生的孔圆度形貌进行对比,本章的主要结论如下:

① 以枪钻结构和抵消切削力为条件,设计第三导向条位置在距离切削刃 210° 的位置。

② 分别建立了两导向条及三导向条枪钻的受力模型,将枪钻系统简化为欧拉-伯努利梁,将加工过程描述为矩阵计算,得到描述圆度形貌的特征方程,并用特征根表示圆度形貌上凸角产生的可能性。

③ 在加工孔的末段容易出现具有 3 个凸角的圆度形貌,在加工孔中段易出现具有 5 个凸角的圆度形貌,在加工孔的初段易出现具有 7 个凸角的圆度形貌,不会出现具有 9 个凸角甚至更多凸角的圆度形貌。加工过程的末段还是会在小的深度范围内产生 3 个凸角的圆度变形,但是其余的圆度变形情况都得到了有效的抑制。

④ 对三导向条结构枪钻和普通枪钻结构进行模态分析,优化后结构枪钻的固有频率和最大形变量都较普通结构枪钻有所减小,模态分析结果表明,三导向条结构改善了枪钻加工圆度形貌,提升了加工的稳定性。

第7章 磁流变液减振器对孔轴线偏斜的影响

7.1 磁流变液材料机理

7.1.1 磁流变液简述

磁流变液(MRF)是一种应用广泛、发展迅速的智能材料。它在没有磁场的作用下呈现为一种阻力很小的液体材料,但当它周围有磁场作用时,它会呈现为一种固态材料,并且有一定的阻力,该阻力能够随着磁场强度的增强而增大。由于磁流变液在固液状态下的转化是十分迅速的(转化会在毫秒内完成),且该材料具有十分良好的控制性,所以被应用到诸多领域,如机械、汽车、航空、建筑等[123,124]。

上面提到磁流变液,即可想到电流变液。电流变液在实际运用中需要很高的电压,安全隐患较大,对环境要求较为苛刻,且成本高,这就大大限制了电流变液的发展和应用[125]。因此,磁流变液被研究人员逐渐重视起来。后来人们解决了磁流变液存在的问题,如添加剂的使用,磁流变液的沉降、稠化等,使它的应用范围变得更广阔。表7-1所列为上述两种液体的特性对比[126]。

表7-1 磁流变液与电流变液的特性对比

特性	磁流变液	电流变液
最大屈服应力/kPa	50~100	2~5
电压	2~25 V(1~2 A)	2~5 kV(1~10 mA)
场强/(kA·m⁻¹)	0~300	0~4
反应时间	毫秒级	毫秒级
密度/(g·cm⁻³)	3~4	1~2
稳定性(对污染物敏感程度)	杂质影响性小	杂质影响很大
温度范围/℃	−50~+150	10~100
耗能/(J·cm⁻³)	0.1	0.01

7.1.2　磁流变液组成

磁流变液是一种可受控制的液体,它是由可磁化的固体微型颗粒均匀地散布在低黏度的基液中而形成的悬浮液。当在悬浮液中加入一些添加剂后,该磁流变液性能会有较大的提高[127,128]。其特点为在磁场作用下,在极短时间内能够由一定黏度流动性良好的牛顿流体转变为 Bingham 弹塑性体,这种弹塑性体具有高黏度、低流动性的特点,且这种转变过程在有无磁场作用时都可以相互转化。研究表明,磁流变液最关键的三种成分构成为可磁化的微型颗粒、基础载液以及添加剂[126]。

可磁化的微型颗粒:该微型颗粒悬浮在基础载液中,在磁场的作用下能够由液体磁化为固体,形成链状结构,所以它是磁流变液的核心部分。由于它的可逆性,故其产生的阻尼力具有可逆性。

微型颗粒一般为无机非金属材料,一般由羰基铁粉通过氢氧化铁得到,也可由纯铁粉或铁合金得到[129]。该球形颗粒的直径为 $1\sim10\ \mu m$,密度分布在 $7\sim8\ g/cm^3$ 的区间内,且稳定性高。这些微粒在磁场的作用下将发生磁化现象,因此该微粒性能的好坏决定着磁流变液性能的好坏和磁流变效应的强弱。

基础载液:基础载液是磁流变液材料最基础的部分,它提供的环境能够使微型颗粒均匀分布,在磁场的有效作用下,微型颗粒迅速被磁化为链状结构,其抗屈服应力增强,在磁场消失时,磁流变液重新变为悬浮液。由此可知,引起磁流变液性能发生变化的因素中,基础载液占据主导地位。与此同时,较强的温度适应能力、较低的凝固点、恰当的黏度、较强的耐腐蚀性是基础载液必不可少的要素。基础载液一般由硅油、矿物质油、辛烷、脂类、烃类、水等物质构成。

添加剂:添加剂是一种活性剂,能够改善磁流变液的性能,促进微型颗粒分离,并增加其悬浮性。目前常用的添加剂有以下几种:

① 表面活化剂:表面活化剂漂浮在粒子表面周围,能够改善微粒的可磁化性。

② 触变剂:触变剂能够增强微粒之间的相互作用,使磁流变液更加稳定,并能提高磁流变液沉降的稳定性。

③ 分散剂:分散剂能够使微粒互相分开,并在外力的作用下形成一道屏障,提高分散颗粒的稳定性。

④ 固体润滑剂:固体润滑剂是为了在无磁场作用时,防止微粒之间主动凝结在一起,从而使磁性颗粒在基础液中分散均匀。

⑤ 抗氧化剂:抗氧化剂是为了增强磁流变液的抗氧化能力,防止磁性颗粒失效。

7.1.3　磁流变液的工作机理

关于磁流变效应的理论可以分为两种:相变理论和场致偶极矩理论。当磁性微型颗粒周围没有磁场作用时,该颗粒能够在基液中自由扩散,因此自由扩散的磁性颗粒叫作自由项;当磁性微型颗粒周围有磁场作用时,被磁化的磁性微型颗粒之间将会互相作用,且快速集中最终形成磁偶极子,微粒的自由运动状态变成有规则的排序,因此该状态下的磁性颗粒被称为有序相;当磁性颗粒周围的磁场强度不断加大时,微粒之间的相互作用力也会越来越强,最终形成密度大、结构稳定的链状结构,磁流变效应随即生成。随着时间推移,链条密度越来越大,强度也随之变大,基液的正常流动将会被阻滞。当颗粒周围的磁场消失时,被磁化的微型颗粒又将进行自由扩散。对该种磁流变效应做一种简洁的阐述,即在有磁场作用时,悬浮在磁流变液中的微型颗粒在两极板之间能形成密度大、强度高的链状结构,并阻滞基液的自由运动,使磁流变液形成该效应下的固态特征[130]。图 7 - 1 所示为磁流变液中有无磁场作用下的磁性颗粒实物对比图。

(a) 无磁场   (b) 有磁场

图 7 - 1 磁流变液状态

7.1.4 磁流变效应的影响因素

磁流变液因其自身独有的性能特点,其效应强度的决定性因素有如下几种[131]:

(1) 磁场强度

磁流变液发生磁流变效应是因为外界存在磁场,这就导致该种液体中能够进行磁化的微颗粒物被磁场磁化,最终该微颗粒物变成一种链状结构。磁场还能降低磁流变液的流动性能,使其变稠,并且伴随有屈服应力的出现。所以磁场强度相应地成为磁流变效应决定性因素中的关键部分。但是磁场的强度与屈服应力之间并不是线性递增的关系,当磁场强度达到一定值时,屈服应力的增加速度会逐渐变慢,并趋于一个定值。

(2) 微型颗粒的大小

在磁场强度和剪切应变率一定的条件下,微粒之间的场致磁力和剪切应力会随着微型颗粒直径的增大而增大,故使磁流变效应更容易发生和增强。但是当微粒的直径过大时,由于自身过重,在无磁场作用时,导致微粒在悬浮液中发生沉降,破坏磁流变液的性能,从而影响磁流变效应。所以,磁流变液中微粒的大小应根据需要选取最佳值。

(3) 微粒的磁化率

在同等条件下,即磁场强度和剪切应变率相同时,微粒磁化率性能与磁流变效应之间呈现出一种递增关系。

(4) 微粒的体积百分率

在磁场强度和剪切应变率不变的前提下,磁流变效应的强度与微颗粒物体积百分率之间是一种递增关系。但是当微粒的体积百分率过大时,在无磁场作用时磁流变液发生固化,致使磁流变效应失效。

7.2　磁流变液工作模式

根据磁流变液的特性,可以将磁流变液在减振器中的工作模式进行如下分类[130,132]:

(1) 流动模式

基于流动模式的磁流变液减振器的主要构成部件有:外缸、活塞、内缸以及线圈等,如图 7-2 所示。励磁线圈缠绕的位置为内缸筒壁,当有电流通过时将产生相应的磁场。当外界作用力带动活塞振动时,磁流变液将被压入内缸筒外壁与外缸筒内壁之间的环形间隙,并且在该种状况下,会产生相应的磁流变效应来阻碍活塞的运动。

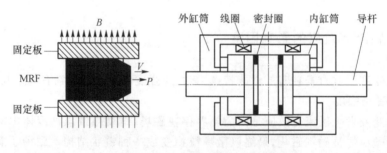

图 7-2　流动模式减振器工作原理

在没有磁场作用时,磁流变液的黏度影响流过环形间隙两端的压差,其压力差为

$$\Delta p = \frac{12\eta_0 LQ}{\pi Dh^3} \tag{7-1}$$

式中,L 为环形间隙有效长度;Q 为通过环形间隙的液体流量;D 为环形间隙的平均直径;h 为环形间隙的径向间隙高度。

由此可知,无磁场作用时的阻尼力为

$$F_0 = \frac{12\eta_0 LQA}{\pi Dh^3} \tag{7-2}$$

式中, A 为活塞的工作面积。

设定活塞的运动速度为 V,则 $Q = VA$,代入式(7-2),得:

$$F_0 = \frac{12\eta_0 LVA^2}{\pi Dh^3} \tag{7-3}$$

当磁流变液发生磁场效应时,会产生屈服剪应力 τ_y,在磁流变液流动速度较低时,活塞两端的压差为

$$\Delta p = \frac{8\eta QL}{\pi Dh^3} + \frac{2L\tau_y}{h} \tag{7-4}$$

此时阻尼力为

$$F_1 = \frac{8\eta QLA}{\pi Dh^3} + \frac{2L\tau_y A}{h} = \frac{8\eta LVA}{\pi Dh^3} + \frac{2L\tau_y A}{h} \tag{7-5}$$

式中, η 为在磁场作用下液体的黏度系数。

在式(7-5)中, $8\eta QLA/\pi Dh^3$ 为黏性力,该力的大小与活塞杆的速度有关; $2L\tau_y A/h$ 为传输力,是由于磁流变液发生磁流变效应而形成的,其大小与所受磁场强度的大小有关,故可以进行调节。式(7-3)和式(7-5)分别描述了在有无磁场作用时,流动模式下的磁流变液减振器的阻尼特性和活塞杆运动速度的关系,如图 7 - 3 所示。

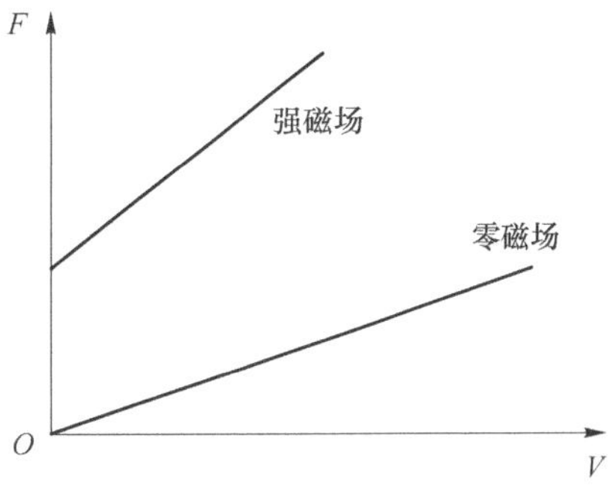

(2) 剪切模式

基于剪切模式的磁流变液减振器的关键构成部件有:缸筒、活塞、励磁线圈等,如

**图 7 - 3　流动模式下减振器的
阻尼特性曲线图**

图 7 - 4 所示。励磁线圈缠绕的位置是活塞的外表面,在有电流通过的情况下,励磁线圈会产生磁场。磁流变液的工作间隙即缸筒与活塞之间的环形间隙,在该空间内会伴随有磁流变效应产生。当活塞在外界作用力下开始振动时,磁流变效应所引起的剪切力将会阻碍活塞的运动。

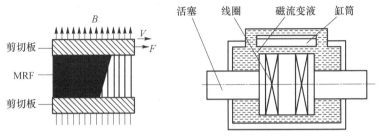

图 7 - 4　剪切模式减振器工作原理

剪切模式和流动模式的情况类似,也分为有无磁场作用两种情况。

当没有磁场作用时,阻尼力为

$$F_0 = \tau_0 A = \frac{\pi D \eta_0 VL}{h} \tag{7-6}$$

式中，τ_0 为液体的黏性剪应力；A 为工作间隙的截面积；η_0 为液体的黏性系数。

当有磁场作用时，即有磁流变效应产生时，这时阻尼力为

$$F_1 = L\pi D\tau_y + \frac{\pi D\eta VL}{h} \tag{7-7}$$

式(7-6)、式(7-7)表示了在有无磁场作用时，阻尼力和活塞杆速度的关系，如图 7-5 所示。

(3) 挤压模式

基于挤压模式的磁流变液减振器的主要构成部件有：挤压板、线圈、铜套、导杆等，如图 7-6 所示。磁流变液填充在两个密闭的极板中，当导杆随着外界力振动时，两个极板也随之运动，运动状态的极板对于上下外壳来说，是垂直挤压运动。受两极板压迫的磁流变液将会向相反方向流动。在通电之后有

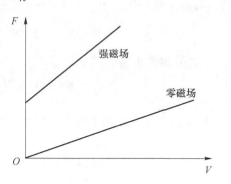

图 7-5 剪切模式下减振器的阻尼特性曲线图

磁流变效应作用时，磁流变液将会产生屈服应力来阻止活塞运动。该种状态下，磁流变液产生反作用力来阻碍极板运动。减振器总体阻尼力的大小是通过改变磁场强度来改变的，从而改变了磁流变效应的强度，所以说通电电流的大小也是影响减振器阻尼力大小的因素之一[130]。

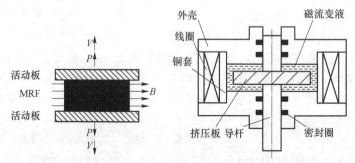

图 7-6 挤压模式减振器工作原理

挤压模式的减振器和其他两种模式的减振器相比较而言，因其活塞运动会产生挤压，受密封效应和挤压增强效应的增益，阻尼力会变大[131]，且阻尼力为

$$F_N = \begin{cases} \dfrac{2\pi\tau_1(R_1^3 - R_2^3)}{3h^u} + \left[k_2(\varepsilon_l - \varepsilon_s) + \tau_s\right]\pi(R_1^2 - R_2^2), & \varepsilon_l > \varepsilon_s \\[3mm] \dfrac{2\pi\tau_1(R_1^3 - R_2^3)}{3h^u} + k_1\varepsilon_l\pi(R_1^2 - R_2^2), & \varepsilon_l < \varepsilon_s \end{cases} \tag{7-8}$$

式中，R_1 为导杆半径；R_2 为挤压板半径；k_1 为屈服前液体的黏性系数；k_2 为屈服后

液体的黏性系数;u 为挤压系数,是一个常数。

挤压模式与上述两种模式相比,具有较大优点,即在活塞杆位移量很小的条件下,能产生很大的阻尼力。

7.3　磁流变液减振器的设计

通过上述分析,本节设计了一种新型的混合模式的磁流变液减振器,该减振器结构更加合理,提供的阻尼力可控且范围更大,其结构如图 7 - 7 所示。

该减振器的浮动活塞、上盖和内缸筒构成的腔体充斥着磁流变液。其中上腔是由上盖、活塞以及内缸筒构成,下腔由活塞、浮动活塞以及内缸筒构成。浮动活塞、内缸筒以及缸底构成的腔体称为蓄能腔,里面充满了氮气。内缸筒和外缸筒之间有环形通道,也充斥着磁流变液,且内缸筒的上下两端有通流孔。当活塞杆上下运动时,磁流变液由上腔流动到下腔,由于阻尼缸筒具有多层套筒,且各个缸筒之间都有环形通道,这就大大增加了磁流变液流动的长度,从而有效增加阻尼力。

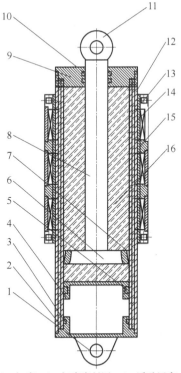

1—缸底固定环;2—缸底;3—缸底密封圈;4—浮动活塞;5—浮动活塞密封圈;
6—活塞;7—活塞密封圈;8—活塞杆;9—缸盖;10—缸盖密封圈;11—活塞杆固定环;
12—内缸筒;13—紧固螺钉;14—外缸筒组件;15—线圈组件;16—磁流变液

图 7 - 7　新型磁流变液减振器结构图

新型大阻尼力磁流变液减振器的阻尼缸筒包括内缸筒、第一层缸筒、第二层缸筒以及第三层缸筒,其结构如图7-8所示。

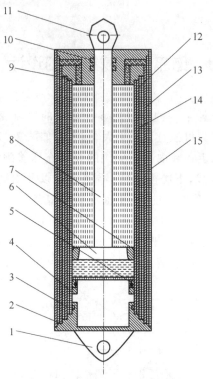

1—缸底固定环;2—缸底;3—缸底密封圈;4—浮动活塞;5—浮动活塞密封圈;6—活塞;7—活塞密封圈;8—活塞杆;9—上盖;10—上盖密封圈;11—活塞杆固定环;12—内缸筒;13—第一层缸筒;14—第二层缸筒;15—第三层缸筒

图7-8 磁流变液减振器阻尼缸筒结构图

该阻尼缸筒有三层,分别为第一层缸筒、第二层缸筒、第三层缸筒。每个缸筒与上盖都设置有通流腔,当活塞杆不断做往复运动时,磁流变液能够在各个缸筒之间顺畅流动。由于蓄能腔里面充满了氮气,当活塞杆运动时,蓄能腔的体积随活塞杆上下运动而变化,而氮气用来补偿体积差。每个缸筒的下端也都设置有通流腔,通流腔的一端与内缸筒相通,另一端与外侧第二层缸筒和第三层缸筒之间的环形通道相通。其中每个缸筒的结构和材料相同,即缸筒上端和下端为不导磁段,中间的导磁部分和不导磁部分相间设置,且长度一致。

新型磁流变液减振器线圈如图7-9所示。

该线圈组件和一般线圈有很大的不同,常见的磁流变液减振器是将线圈放置到活塞内,这样就会使磁流变液包围住线圈,不利于线圈的散热,从而烧坏线圈。而且一般的减振器在活塞杆上设置有线圈的引出口,这样就会有缝隙,会有侧漏现象发生,从而破坏减振器的密封性。在新型减振器中,导磁环由上、中、下三部分构成,和

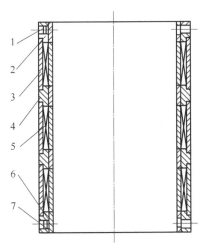

1—紧固螺钉；2—上端导磁环；3—导磁套筒；4—中部导磁环；
5—电磁线圈；6—下端导磁环；7—线圈缠绕体

图 7 - 9　线圈组件剖视图

导磁套筒一样,均采用高磁导率的软磁材料。其中中部导磁环把通电线圈隔开,线圈采用螺钉固定。导磁套筒上设置了线圈引出口,和电磁线圈串联连接。当通电时,磁力线经过内缸筒、外缸筒、导磁套筒等,这大大增加了磁力线的横截面积,使其不易产生饱和现象。

7.4　磁流变液减振器的安装位置和动力学仿真分析

7.4.1　在深孔机床上的安装位置

磁流变液减振器在枪钻钻削机床上的安装位置如图 7 - 10 所示。

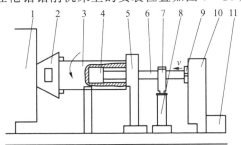

1—主轴箱；2—卡盘；3—工件；4—刀具；5—授油器；6—钻杆；7—中心支承；
8—磁流变液减振器；9—钻杆夹头；10—刀具主轴箱；11—排屑箱

图 7 - 10　减振器在机床上的安装位置图

7.4.2　切削动力学模型分析及仿真

如图 7-11 所示,在不计其他影响因素的情况下,系统动力学模型可简化为单自由度系统。由于深孔切削的振动幅值相对较小,对图 7-11 模型进行近似描述,得出系统的运动微分方程[133]为

$$m\ddot{y}(t) + \left[c_y + c_e - \frac{k_0 bh}{v}\sin\beta_0\right]\dot{y}(t) +$$

$$\left[k_y + k_e - \frac{2k_d h^2}{b}\cos\beta_0 \sin\frac{\phi}{2}\sin\left(2\pi\omega t + \frac{\phi}{2}\right)\right]y(t) = 0 \qquad (7\text{-}9)$$

式中,c_e 为减振器的等效阻尼系数;k_e 为减振器等效刚度;m 为切削系统的等效质量。

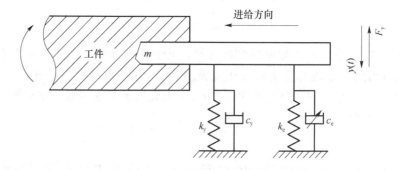

图 7-11　钻杆动力学模型

式(7-9)可简化为

$$m\ddot{x}(t) + C\dot{x}(t) + Kx(t) = 0 \qquad (7\text{-}10)$$

得系统的频率响应函数为

$$|H(\omega)| = \frac{1}{[1-(\omega/\omega_n)^2]^2 + (2\xi\omega/\omega_n)^2} \qquad (7\text{-}11)$$

式中,$\omega_n = \sqrt{K/m}$,$\xi = C/(2m\omega_n)$。

系统钻削的固有频率为 ω_n,阻尼率 ξ 会随减振器中磁场强度的变化而变化,磁场强度引起阻尼系数变化,从而影响系统的振动。通过分析软件 MATLAB 对安装新型磁流变液减振器系统的响应特性进行分析计算,如图 7-12 所示,图中频率比为 ω/ω_n。从图中可以得出:当阻尼比增大时,振动的幅度有了明显的衰减,且在共振区域的衰减更为明显,说明新型磁流变液减振器对振动有着很好的抑制作用,且能够间接地改善被钻削孔的轴线偏斜问题。

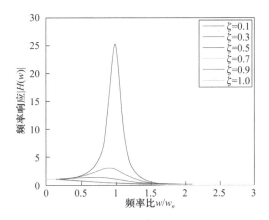

图 7 - 12　幅频响应曲线(彩图见彩插)

7.5　安装磁流变液减振器的振动仿真

7.5.1　仿真方法研究

仿真是人们通过建立系统模型,在不同设置条件下对实际情况进行模拟和分析的过程,即通过系统模型试验来研究设计中的问题,并从中获取有价值的信息,然后使科研人员对实际系统的某一状态做出正确的分析和判断,故仿真又称为模仿。计算机仿真又称为计算机试验,通过建立系统模型,对实际复杂的系统进行大量的数学计算,以反映系统的各个运动行为和状态,并揭示其运动规律。计算机仿真技术也称为计算机仿真方法[134]。近些年来,由于科学技术迅猛发展,仿真技术已经成为实验中不可或缺的重要一环,为人们带来了很多便利。传统的仿真技术是通过多步计算,需要花费大量的人力物力,且效率低下,有时结果也很难让人满意。而计算机仿真技术是通过科学建模,在给定的约束条件下进行全过程的动态试验,且受自然因素和人为因素干扰小,更能够模拟真实的系统环境,因此是一种科学的研究方法。计算机仿真技术也具有一些特点,如直观逼真、可控性强、风险和费用低、真实性、结果准确可靠等。

Simulink 是 MATLAB 软件里的一个重要模块,它可以用连续采样时间、离散采样时间以及这两种混合的采样时间进行系统建模,并能使用户快速得到系统仿真结果。Simulink 最大的优点是无需大量的代码,只需要将软件给出的模块进行搭建和连接,最后构造出所需的模型,然后进行动力学仿真、综合性分析,具有简单明了、直观清晰、快捷灵活等优点[135]。Simulink 软件能够利用自身语言平台进行编程,也可以利用 C 语言进行编程,并进行数据传输,扩展了自己的功能模块,能更好地进行仿真分析，得到更准确的结果。Simulink 软件应用广泛，如用于通信系统、汽车系统、控制系统、图像处理系统、军事系统等。

Simulink 由模块库、模型构造等多个部分组成，图 7-13 所示为 Simulink 平台下仿真三要素（系统、模型、计算机）之间的关系。在仿真前先要进行系统分析，创建动态系统模型，然后通过模块库选择，建立方块图和图形接口，最后利用 Simulink 平台进行仿真综合分析，即可快速直接地得到系统仿真结果。

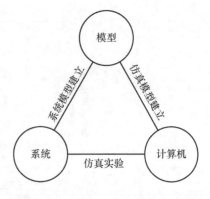

图 7-13　仿真三要素之间关系示意图

7.5.2　钻杆振动系统仿真模型的建立

Simulink 的模块库分为两类，一类是公共模块库，另一类是专业模块库。其中主要的模块有 10 个[136]，分别是信号源模块库（Sources）、连续型系统模块库（Continuous）、离散型系统模块库（Discrete）、显示输出模块库（Sink）、函数与表格模块库（Function&Tables）、数学模块库（Math）、非线性系统模块库（Nonlinear）、模块组与工具箱（Blocksets&Toolboxes）、信号与系统模块库（Signals&Systems）、演示模块库（Demo）。在搭建模块时，要用到积分模块（Integrator）、连续模块（Continuous）中的增益模块（Gain）、数学模块库（Math Operations）中的加法器运算模块（Sum）、显示输出模块库中的示波器模块（Scope），这些模块的选用都是由动力学方程决定的，如图 7-14 所示。

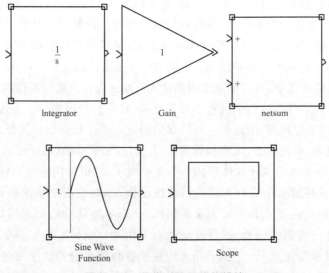

图 7-14　仿真时需用到的模块

根据系统运动微分方程(7-9)，通过连线已经选择好的模块搭建仿真图，如图 7-15 所示。

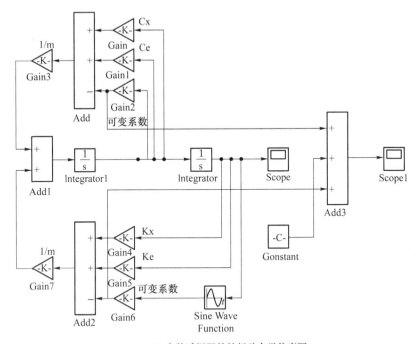

(a) 安装减振器的钻杆动力学仿真图

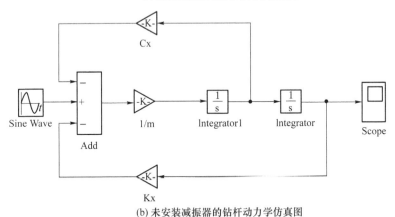

(b) 未安装减振器的钻杆动力学仿真图

图 7-15　钻杆动力学仿真图

搭建好仿真图后进行赋值：$m = 100 \text{ kg}$，$c_y = 4\,320 \text{ N} \cdot \text{s/m}$，$c_e = 4\,156 \text{ N} \cdot \text{s/m}$，$k_0 = 2 \times 10^9 \text{ N} \cdot \text{m}^2$，$k_d = 2 \times 10^9 \text{ N} \cdot \text{m}^2$，$b = 2 \times 10^{-3} \text{ m}$，$h = 1.05 \times 10^{-4} \text{ m}$，$\beta_0 = 65°$，$v = 0.625 \text{ mm/s}$，$k_y = 1\,485 \text{ N/m}$，$k_e = 9.8 \times 10^6 \text{ N/m}$。对于钻杆的转速，我们采用 $n = 300 \sim 1\,000 \text{ r/min}$ 依次进行仿真，从而得到在安置磁流变液减振器的条件下枪钻钻削加工时振动仿真的时域图，并与未安置磁流变液减振器进行比较，如图 7-16 所示。

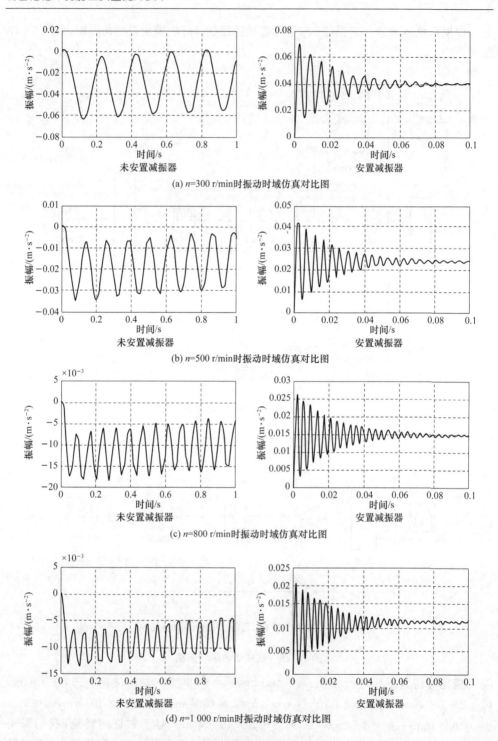

(a) n=300 r/min时振动时域仿真对比图

(b) n=500 r/min时振动时域仿真对比图

(c) n=800 r/min时振动时域仿真对比图

(d) n=1 000 r/min时振动时域仿真对比图

图 7 - 16　不同转速下振动对比图

从图 7-16 可以得出:在不同转速条件下,磁流变液减振器有很好的抑制振动的效果,且振动幅值呈收敛趋势,振动周期也会大幅度地缩减。

7.6　抑制振动对孔轴线偏斜的研究

从 7.4 小节中可以得出减振器对钻杆的振动有良好的抑制作用,在本小节中,将简单论述减振器对枪钻钻削孔轴线偏斜的影响。图 7-17 所示是枪钻钻削过程中在 X 和 Y 方向上瞬时钻削力的大小,该图可由图 7-15(a)中的"Scope1"得出。

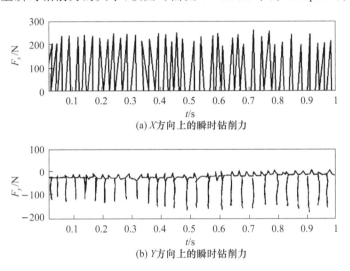

(a) X 方向上的瞬时钻削力

(b) Y 方向上的瞬时钻削力

图 7-17　X 和 Y 方向上的瞬时钻削力

由图 7-17 可以直观得出,在深孔加工机床上加入磁流变液减振器后,枪钻在 X 方向上瞬时切削力的平均值为 250 N,在 Y 方向上瞬时切削力的平均值为 140 N,然后用 ANSYS 软件进行仿真分析,通过加载 X、Y 方向上的平均钻削力来分析枪钻钻尖的轴向偏斜程度。所加载的模型为第 2 章改善后的新导向条分布形式的枪钻模型。

打开 ANSYS 软件加载钻尖模型,并设置一系列的参数(和第 2 章设置的参数一致)。首次在 X 方向上赋值 350 N,Y 方向上赋值 250 N;第二次在 X 方向上赋值 250 N,Y 方向上赋值 140 N。轴线偏斜情况如图 7-18 所示。

图 7-18(a)是无减振器的枪钻轴线偏斜情况,(b)是在减振器作用下枪钻的轴线偏斜情况。从图中可以清晰地得出:(a)图的径向最大位移为 $2.238\,5 \times 10^{-5}$ m,(b)图的径向最大位移为 $1.611\,7 \times 10^{-5}$ m,(b)图钻头的径向偏斜情况明显好于(a)图,所以在加上了磁流变液减振器后,不仅抑制了钻削过程枪钻钻杆的振动幅度,而且还能够更好地改善枪钻钻削的轴线偏斜。

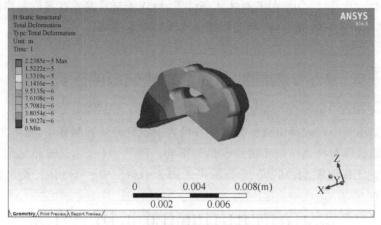

(a) 无减振器的枪钻轴线偏斜仿真

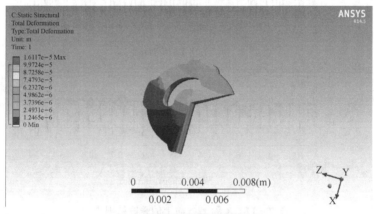

(b) 有减振器的枪钻轴线偏斜仿真

图 7 - 18　钻头仿真图

7.7　小　结

　　本章主要介绍了磁流变液减振器对枪钻钻削孔轴线偏斜的影响。在了解了磁流变液的特性后,分析设计了一种新型磁流变液减振器,并将其应用到枪钻加工过程中,通过分析枪钻切削加工系统,得到动力学模型,然后用计算机软件进行仿真,证明减振器在不同转速条件下能够有效地抑制钻杆的振动。最后在计算机软件 ANSYS 中导入力学模型,来分析把减振器应用到枪钻加工机床后,被加工孔轴线的偏斜情况。结果表明该减振器能够更好地改善枪钻钻削孔的轴线偏斜。

第8章 基于枪钻加工系统的微销孔精密高效加工技术

本章旨在从工艺及装备的角度,研制一种精密高效电机轴与配套齿轮副销孔配打专用装置,提升孔加工质量。对于送料、定位、夹紧、加钻模为一条龙的半自动化生产线,在人工干预的情况下,能够根据预设程序进行自动操作或控制,所设计的专用钻模可保证精确定位,从而提高销孔的位置精度等级,增加产品的互换性,减少废品率,由加钻模代替以前需要测、粘、固的工序,既减少了加工工艺,又提高了位置精度。另外本装置还配备了送料机构、定位机构及自动夹紧机构,可有效降低工人劳动强度,实现高效率精密加工。并且该装置操作简单易学、具有很高的科学性,对工人技术水平要求不高,从而降低了钻孔难度,节约了经济成本。

8.1 电机轴销孔配打工艺分析

电机、齿轮、轴承系统结构如图8-1所示。为确保技术要求,传统加工工艺大都以人工辅助为主,具体步骤如下:

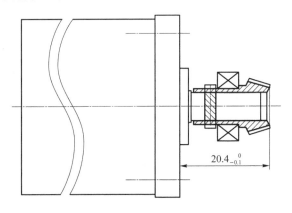

$20.4_{-0.1}^{0}$

图8-1 系统结构示意图

① 首先在锥齿轮上依据技术要求测量尺寸,并完成钻孔。

② 将锥齿轮、轴承及电机装配用胶水粘接。

③ 逐个完成工件销孔制作。

④ 装配销钉。

传统工艺存在的问题如下：

① 自动化程度低，定位精度差，需多次重复测量。

由于微型电机各尺寸的限制，其主轴上安装的齿轮、轴承更加阻碍了普通装夹装置、定位辅助装置等的应用，电机的装夹仅靠人工及测量工具装夹于台虎钳，无法保障其尺寸定位及精度准确。为保障钻孔精度，需人工多次重复测量，势必造成累积误差增加，而由于寻找定位的试钻凹陷点的存在，钻头刚性较差，当钻床主轴高速转动时，定位电机径向轴线极易再次定位到凹陷点处，准确定位更加不易。

② 钻头磨损严重，易折断。

电机轴为光滑圆柱形，材料为高硬度 40CrNiMoA，使得刀具与电机径向中心轴线难以严格同轴，略微的偏斜都会引起电机轴转动，极不稳定的钻削导致刀具磨损严重、甚至折断，更换刀具又需重复之前所有工作，同时增加了经济成本。再加上人工装夹的不准确、不稳定，更加导致了钻孔的不易。

③ 效率低，依赖性强。

多次不断重复地测量，找正定位及刀具的易折断，完成一次钻孔需要耗费相当多的时间、精力，经济成本太高，效率太低。人工钻孔还需要有足够经验的操作者才可顺利完成，使得完成一件合格的产品耗费太多的成本。另外，由于小齿轮的加工精度差异大，即一致性、互换性差，导致整机的使用性能也存在较大差异。

因此，迫切需要研制出精密高效专用装置，改变现有工艺，确保电机轴与配套齿轮副销孔的高精度、高可靠性加工。

8.2　孔加工工艺技术研究

在加工精度和表面粗糙度要求相同的情况下，孔加工比外圆加工要困难很多，不仅生产效率低、检测困难，而且加工成本高。主要是由于刀具尺寸的限制及排屑通道的设计使得刀具刚性差，不宜采用大的切削用量；并且钻削过程处于封闭空间，切削液不易充分进入钻削区，冷却及排屑困难，最终导致加工精度和孔表面质量都不易控制。

孔的加工方法主要包括钻孔、铰孔、扩孔、镗孔、拉孔、磨孔、孔的光整加工等，另外可替代常规钻削孔的加工方法有套料钻削深孔、加热钻孔、激光打孔、电子束打孔、电火花打孔等。零件材料、尺寸不同，精度要求不同，选择的刀具则不同；效率要求、量产要求、径直比不同，选择的加工工艺也不同。

① 钻孔。

钻孔是在实心材料上加工孔的工序，如图 8-2 所示。常用的钻孔刀具主要有麻花钻、中心钻、深孔钻等,其中最常用的是麻花钻。由于结构的限制,钻头的弯曲刚度和扭转刚度均较低,并且钻头易磨损、排屑困难,加之定心性不好,钻孔加工的精度较低。

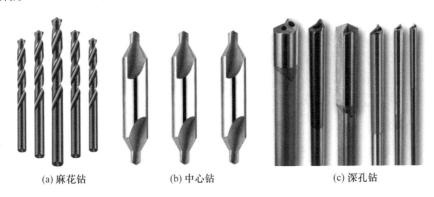

|(a) 麻花钻|(b) 中心钻|(c) 深孔钻|

图 8 - 2　常用孔加工方法

② 扩孔。

扩孔是用扩孔钻对已钻出、铸出或锻出的孔做进一步加工,以扩大孔径并提高孔的加工质量,扩孔加工既可以作为精加工孔前的预加工,也可以作为要求不高的孔的最终加工。扩孔钻与麻花钻相似,但刀齿数较多,没有横刃。

③ 铰孔。

铰孔是孔的精加工方法之一,在生产中应用很广。对于较小的孔,相对于内圆磨削及精镗而言,铰孔是一种较为经济实用的加工方法。

④ 镗孔。

镗孔是在预制孔上用切削刀具使之扩大的一种加工方法,如图 8 - 3(a)所示。镗孔和钻、扩、铰工艺相比,孔径尺寸不受刀具尺寸的限制,且镗孔具有较强的误差修正能力,可通过多次走刀来修正原孔轴线偏斜误差,并能使所镗孔与定位面保持较高的位置精度。

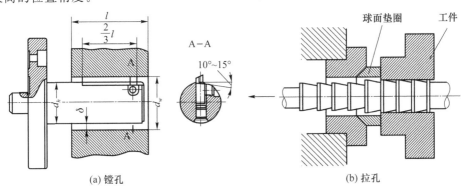

|(a) 镗孔|(b) 拉孔|

图 8 - 3　镗孔及拉孔工艺

⑤ 拉孔。

拉孔是在拉床上用拉刀对工件孔进行粗精加工的加工方法,如图8-3(b)所示。拉削可看成是多把刨刀排列成队的多刃刨削,拉削时工件不动,拉刀相对工件做直线运动。拉孔是大批量生产中常用的一种精加工方法。

根据产品加工要求,即在实体电机轴及齿轮上进行孔加工,并保证齿轮与电机轴的精确装配,则选择钻孔的方式来实现加工技术要求。结合第5章中麻花钻及枪钻的加工工艺对比分析,枪钻加工各方面具有显著的优势,因此,本章基于枪钻加工系统研发了应用于微销孔高效加工的专用装置。

8.3 总系统方案设计

电机轴与配套齿轮副销孔配打专用装置总体方案包括两部分:机械系统方案设计和控制系统设计。其中,专用装置的机械系统由六工位回转台、钻削动力系统、工件装夹系统、气动装置四个主要部分组成。总体结构布局及流程框图如图8-4和图8-5所示。

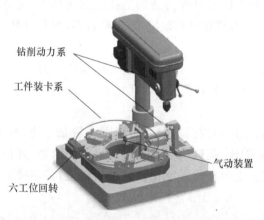

图8-4 电机轴与配套齿轮副销孔配打专用装置总体结构布局示意图

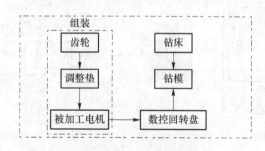

图8-5 设备总体流程框图

具体实施方案如下：

首先将齿轮和调整垫先后装配到电机轴上，然后将装配好的齿轮和电机安放在数控回转工作台的 V 型铁上，利用程序控制回转工作台将装配系统输送到指定位置并夹紧，精确定位之后通过钻模精确地实现打孔，打完孔后推杆后撤，复位弹簧及挡板将加工完的电机、齿轮及滑块归位。回转工作台继续将下一个待加工的电机和齿轮输送到工作位置。最终实现减少人力、提高产品一致性、降低生产成本、提高生产效率的目的。

8.3.1　机械系统方案设计

(1) 六工位回转台

六工位回转台将组装好的电机齿轮系统自动输送到指定加工位置。其底座采用高精度伺服控制系统分度盘，回转精度达到 0.01°，分度盘上设计安装 V 型铁，以 60°间隔均分布在圆盘之上。回转台上可同时装夹六个工件，当上一个工件加工完成后，按动切换开关即可自动切换到下一个工位，并进行自动夹紧，提高了工件更换效率。六工位回转工作台如图 8-6 所示。

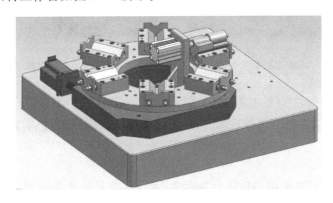

图 8-6　六工位回转台结构示意图

(2) 工件装夹系统

工件装夹系统在设备中起到至关重要的作用，它不仅要实现工件的快捷、简便安装及自动化控制，而且要确保锥齿轮端面与电机安装面的高度尺寸。同时，还需要实现不同尺寸电机与齿轮要求的装夹功能，确保刀具中心与电机轴中心在同一垂直线上，实现电机与齿轮的自动装夹。这样就需要在设计中增加辅助装置，从而满足其多样化功能。

为能使配打电机在不做过多调整的情况下满足不同规格电机的安装，同时不同型号工件使用同一台设备。有以下两种设计方案：

方案一：两种不同规格电机均以 V 型铁作为定位原件，然而其外形尺寸相差过大,必然导致中心高度变动较大,那么需要同时将气缸支架、钻模支架更换或增加调节中心高度的装置,并且要调节钻床主轴高度(钻床主轴行程所限)。

方案二:以 V 型铁作为定位原件,以大型电机中心高为基准,增加辅助装置 V 型垫块,使小型电机中心与大型电机中心高度一致。只需要更换钻套、限位块以及刀具,即可比较方便地解决两种不同型号电机在同一钻床的配钻工作。

综合分析上述两种方案,方案二不需要频繁地更换钻模支架(作为定位基准的元件),且方案二方便、快捷,明显优于方案一,因此,结构设计中采用方案二。

具体的实施方案如下:

工件装夹系统由 V 型铁及 V 型垫块、复位板、可换限位块以及专用垫片构成。工件放置在 V 型铁上自定心,通过气缸的推力作用,可实现工件、限位块及专用垫片的轴向夹紧,分别装夹 $\Phi50$、$\Phi29$ 型电机的三维结构布局示意图如图 8-7 和图 8-8 所示。

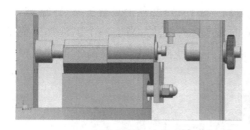

图 8-7　小型电机装夹系统　　　图 8-8　大型电机装夹系统

① 可换限位块。

限位块根据齿轮销孔位置和齿轮端面对电机端面的技术要求所设置的,即 3 种(其中直径 $\Phi50$ 型电机有两种)齿轮后端面直接与限位块接触,保证轴向夹紧及高度要求。

② 专用垫片。

电机输出轴与电机端面的结合部有微小凸台,并且齿轮底端面距离电机端面及小凸台均有间隙高度。此间隙高度是由齿轮的装配位置与钻孔位置精度所决定的。为保证加工尺寸及定位要求,需设计专用垫片,同时在轴向方向上,可换限位块、齿轮及专用调整垫片可确保齿轮、电机的轴向夹紧。可换限位块与专用调整垫片均经过热处理,其硬度及耐磨性有所增强。

在装配大型电机配套垫片时,要特别注意将 U 型口的凹槽与电机轴的凸台相对应,图 8-9 所示为小型电机 U 型垫片装配示意图,只需要将垫片插入间隙插口即可。

③ V 型铁及匹配的 V 型垫块。

V 型铁因其天然的自定心性质,主要用来安放轴、套筒、圆盘等圆形工件。V 型铁的尺寸相互表面间的平行度、垂直度误差在 0.01 mm 以内,V 型槽的中心线必须在 V 型架的对称平面内并与底面平行,且同心度、平行度的误差也在 0.01 mm 以内。

图 8-10 所示为 V 型铁结构示意图,与装夹工具组合可以把圆柱形工件牢固地夹持在 V 型铁上。

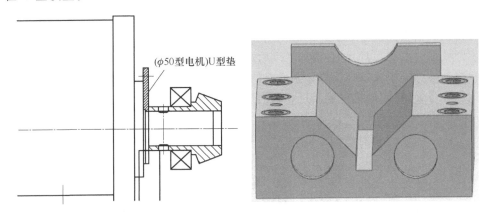

图 8-9　Φ50 型电机 U 型垫片装配示意图　　　图 8-10　V 型铁结构示意图

　　由于电机外形为圆柱形,考虑到安装方便及 V 型铁的自定心性质,故选用 V 型铁用于电机的稳定安装,并可保证电机轴线与钻床主轴回转中心相交。在制作工艺上,除对数控回转机构精度有要求外,对 V 型铁的装配及加工工艺均有特殊要求,以满足定位精度和重复定位精度,保证高可靠性技术条件。

　　④ 复位板

　　V 型铁两侧中空,分别安装有螺栓并套装弹簧,复位板通过螺栓及螺母被锁定在螺栓前端。复位板可方便操作者将电机安置在 V 型铁上,操作者只需要将电机端面贴紧复位板放置在 V 型铁上即可,这样可以保证未被加工工件不会由于操作者的误放而使电机超出应该安放的位置,从而导致当回转台转动后电机与钻模支架干涉。图 8-11 所示为复位板安装结构示意图。

复位板

图 8-11　复位板结构示意图

　　当气缸夹紧时,复位板伴随着电机被推力杆推到工作位置,内部的弹簧也相应地拉伸。当加工完成后,气缸自动松开,由于所设计弹簧的弹性恢复作用,故装配系统会被带动自动复位,同样也保证了电机和钻模支架不干涉。

　　(3) 钻削系统

　　钻削系统由高速精密钻床及辅具构成,钻床主要用于刀具旋转和进给,辅具主要是配套刀具引导装置,即钻模和钻模支架。该高速精密钻床系统有较高的轴向和径向刚性,确保导套和主轴有较高的同轴度。

① 自适应可换式钻模。

可换式钻模如图 8-12 所示,安装于钻模支架上,主要为实现在同一钻模上可适应不同孔径要求的刀具导向,诸如 $\Phi2.4$、$\Phi2.5$、$\Phi1.3$ 等不同孔径的自由更换。同时,可换式钻模弥补了大长径比枪钻刚性差的劣势。钻模的位置由钻模支架决定,并严格与钻孔位置同轴,钻模需要经过严格的退火处理,保证耐磨性及刚度。

可换式钻模

钻模支架

图 8-12　可换式钻模

② 钻模支架

钻模支架如图 8-12 所示,按照定位尺寸,严格安装于工作台上,其既要起到定位限位块的作用,保证齿轮端面和电机端面的高度,还要对刀具起到引导作用。其安装位置固定,严格确保定位尺寸的要求。

③ 高速精密钻床

高速精密钻床由伺服电机、主轴系统、工作台、刀具、钻夹头、锥柄接套、锥柄接杆、扳手等辅具组成,具有精度高、性能好的特点,广泛应用于制造行业。具体参数如表 8-1 所列。

表 8-1　高速精密钻床具体参数

型号	Z4116A
最大钻孔直径/mm	16
立柱直径/mm	85
主轴最大行程/mm	100
主轴中心至立柱母线距离/mm	193
主轴转速级数	5
电动机功率/W	750

④ 钻削刀具。

钻削刀具采用硬质合金枪钻,因电机轴径与销孔孔径之比不大,且排屑性能良好,因而采用普通冷却液即可,省去高压输油系统。

8.3.2　控制系统方案设计

(1) 控制系统组成

该设备控制部分主要由 PLC、操作面板、伺服驱动等部分组成。

① PLC。

PLC 是控制系统的核心,PLC 接收触摸屏或按钮开关等信号,并发出相应的控制命令,实现整个系统的协调运行。

② 操作面板。

操作面板主要包括控制按钮和触摸屏。控制按钮用于实现主轴启停、工件系统的夹紧与松开、急停、工件加工等操作;触摸屏主要用于人机交互,用户不仅可以在触摸屏上实现上述按钮的操作功能外,还可以进行参数设定、报警查询、设备状态实时监控及设备回零等操作。

③ 伺服驱动。

伺服驱动部分主要用于控制回转工作台的精准回转,从而达到工件切换和精确定位的目的。

(2) 控制系统功能介绍及操作流程

① 钻床控制柜外观布局。

数控专用小钻床控制柜外观布局如图 8-13 所示。

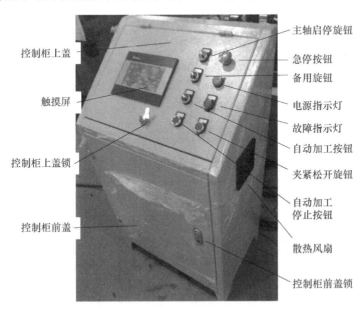

图 8-13　数控专用小钻床控制柜外观布局图

② 各部分功能及操作流程。

触摸屏的操作界面包括:屏保界面、手动模式界面、自动模式界面、查看报警界面、参数设定界面。

屏保界面主要用于对触摸屏屏幕的保护,其他界面长时间不操作时触摸屏自动进入屏保界面。若想退出屏保界面,只需要在屏保界面任意位置单击即可,屏幕将会自动跳转至上次操作的界面。

手动操作界面如图 8-14 所示,用于对设备进行各个动作的单一操作,主要包括:刀具上升下降、设备回零点、工作台回转、主轴电机启/停、油泵启/停、气缸松开/夹紧。各部分功能如下:

主轴电机区域:控制主轴电机的启动和停止。

夹紧松开区域:控制气缸对工件的夹紧和松开。

设备回原点区域:控制夹紧气缸松开和工作台回工作原点。

转台回转区域:控制回转工作台以特定的速度转动特定的角度。

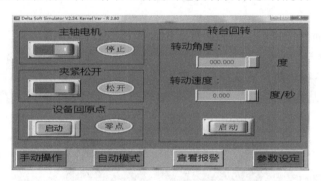

图 8-14　手动操作界面

自动模式界面如图 8-15 所示,用于显示自动加工时设备的相关信息和进行自动加工的启动/停止操作,主要包括:刀具位置、油泵启动电机、主轴启停情况、气缸夹紧松开情况、当前加工工位情况等。各部分功能如下:

图 8-15　手动操作界面

主轴电机区域:显示主轴电机的启动或停止状态。

夹紧气缸区域:显示气缸的工作状态。

启动/停止按钮:控制自动加工的启动或停止。

参数设定界面如图 8-16 所示,主要用于设定设备的各项参数,包括常用参数和系统参数(有权限)。各部分的功能如下:

工作间隔角度设定:设定每次转动的角度。

自动加工旋转速度设定:设定动作自动加工时转动的速度。

夹紧松开时间设定:设定气缸夹紧松开工件所需要的时间。

回零找开关速度设定:设定回转工作台回零时找开关的速度。

回零找零点速度设定:设定回转工作台回零时找零点的速度。

零点偏移角度设定:设定回转工作台回零时偏差补偿值。

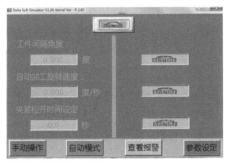

图 8-16　参数设定界面

(3) 系统设计分析

① 自动保护功能。

若由于意外原因引起设备断电,为了避免忘记拉闸,电源恢复后设备动作引起故障,设备内部设定了自动保护:设备重新上电后,设备会保持在断电前的状态。用户需要将设备重新回零,即气缸松开、转台找参考点,然后重新启动加工程序。回零程序如图 8-17 所示。

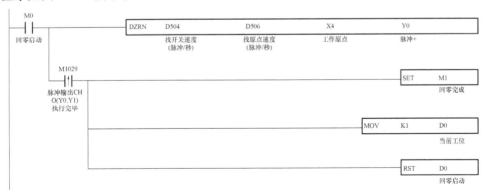

图 8-17　回零程序

151

为了防止在断电状态时,由于外部其他原因引起转台的转动,造成坐标丢失,所以设备在上电开始运行前,必须执行回零操作。程序中设定了原点检测,若用户未执行回零程序,则无法进行加工。回零检测程序如图 8-18 所示。

图 8-18　回零检测判断

② 高精度控制设计。

设备的转台部分采用松下 400 W 伺服电机带动蜗轮蜗杆机构实现旋转,伺服电机型号为 MHMJ042G1U。电机采用 20 bit 编码器,分辨率 1048576。蜗轮蜗杆的传动比为 288:1,即电机输入端转动 288°,转台转动 1°。通过设定伺服参数,实现了 PLC 发送 1 000 个脉冲,电机转动 1 度。所以理论上控制精度为 0.001°。为了避免计算四舍五入引起误差,触摸屏上用户输入的单位为 0.001°,程序中再将用户输入数据乘以 1 000,得到实际运行所需的脉冲数,这样就避免了由于计算引起的误差。定位程序如图 8-19 所示。

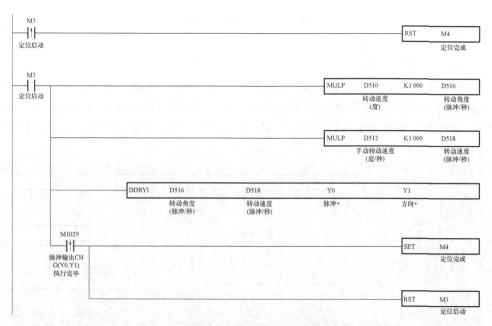

图 8-19　转台定位程序

　　回转台的蜗轮蜗杆机构在正反转时,不可避免地存在反向间隙误差,反向间隙会随着设备的运行磨损逐渐增大。为了避免反向间隙的影响,在控制方案中采用了单一方向运转的策略,即在转台首先以逆时针方向寻找零点开关,然后以顺时针方向寻找零点,找到零点后自动停止,此点即为设备的零点。加工零件时,转台会一直以顺时针方向旋转,不会再出现反转情况,从而避免了正反转引起的反向间隙问题。

8.3.3　系统试验验证

　　为验证设备的回转精度,专门编写了测试程序对设备进行 72 小时的拷机测试运行。

　　测试方法 1:将转台下的回转刻度对准整刻度线,编制程序使转台顺时针转动 60°,停留 5 秒后继续顺时针转动 60°,转动一圈后停留 10 秒,读取刻度值,验证转动角度的准确性。经过 72 小时的不间断运行后发现刻度仍然处于基本对齐状态。

　　测试方法 2:在转台上的回转中心安装一个编码器,每转 90 000 脉冲。执行测试程序,每旋转一次角度读取一次编码器的值,记下读数,如表 8 - 2 所列。

　　经过反复测量,理论脉冲数和实际脉冲数误差最大为 2,计算得出最大误差角度为 0.008°,所以认定转台的回转精度为 0.01°。

表 8 - 2　旋转角度测量

读数次数	旋转角度/(°)	编码器实际读数/脉冲	编码器理论读数/脉冲	误差值	
				脉冲	角度/(°)
1	60	15 000	15 001	1	0.004
2	120	30 000	30 002	2	0.008
3	360	90 000	90 001	1	0.004
4	7 200	1 800 000	1 800 002	2	0.008

8.3.4　加工测试分析

　　基于上述设计,研制了电机轴与配套齿轮副销孔配打专用装置,为验证其加工销孔的可行性及高效性,依据产品要求,分别采用传统加工工艺及枪钻加工工艺进行试验加工,对比分析两种加工工艺下的加工孔位置精度和加工效率。

　　图 8 - 20(a)所示为分别利用传统工艺及优化后工艺对大型电机进行配钻销孔 Φ2.4 所得 7 组实验结果对比图,高度值 H 为齿轮端面距离电机安装面的距离。图 8 - 20(b)所示为小型电机进行配钻销孔 Φ1.3 所得 7 组实验结果对比图。从图 8 - 20 中可看出,传统工艺与优化后工艺存在明显差距,优化后工艺所测高度值成正态分布,并于

技术要求均值附近波动,微小的波动源于机床系统的固有振动及麻花钻本身特性。而传统工艺误差过大,成品率低。对比分析图 8 - 20(a)和(b)可知,传统工艺完成钻孔后所得结果无规律,并且随着销孔直径的减小,偏差越大,这主要是由于刀具刚度系统差、工件定位不可靠所导致。

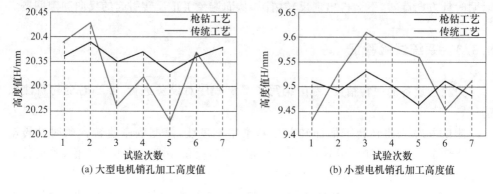

(a) 大型电机销孔加工高度值　　　　　　(b) 小型电机销孔加工高度值

图 8 - 20　销孔加工对比图

8.4　小　　结

针对微电机轴与配套齿轮副销孔加工过程中,自动化程度低、定位精度差、成品率低及刀具磨损严重等多重问题。深入分析系统工装特性及产品互换性,优化加工工艺,着重研究产品设计要点。基于枪钻加工理论,采用配钻工艺,创新研制出精密高效电机轴与配套齿轮副微销孔配打专用装置,并通过实验验证了装置的可行性及有益效果。本章的主要结论如下:

① 通过工件装夹系统,实现不同尺寸电机与齿轮要求的装夹功能,其定位基准及精度由 V 型铁、V 型垫块、复位板、可换限位块以及专用垫片等辅助装置保证,并实现了自动定位,快速、便捷地装夹功能。

② 通过控制系统控制设备中的气动装置、六工位回转台,提高自动化程度。

③ 电气上采用了触摸屏存储系统参数和用户参数,用户可根据实际情况设定设备的转动速度和角度,并兼并自动化操控和手动操控。

第9章 深孔直线度与孔壁形态的激光检测系统

深孔类零件在机械结构中应用广泛,如各种类型的管道、枪炮管、泵体管道等。在很多领域中,孔加工质量与管体内壁面型结构、损伤程度等对结构体应用效果具有很大影响,故对深孔加工表面质量及孔内壁形态的检测成为了一项研究热点。针对深孔直线度误差、内壁几何尺寸、表面状态等的检测值成为了深孔加工结果的重要评价指标。

9.1 直线度测量方法研究

根据国内外直线度测量方法,测量精度低于 $0.5\ \mu m/m$ 的为一般精度水平,高于 $0.5\ \mu m/m$ 的属高精度测量,而高于 $0.1\ \mu m/m$ 则属国际先进水平。但由于测量方法种类繁多,目前尚未见到统一而合理的分类方法。按照测量中有无直线基准,可将直线度测量方法大体上归纳为两大类。

9.1.1 无直线基准测量

无直线基准测量法是指被测对象直线度的测量不是与某种直线基准进行比较,而是沿被测表面以线值测量的方法,得到被测表面上各采样点的偏差值,然后经数据处理得到被测对象的直线度误差值。无直线基准测量主要采用误差分离法。所谓误差分离法(error separation technique,EST)是指从测量结果中将标准量的误差和被测量的误差分离开来,从而提高测量精度和测量效率。按照信息获得的途径不同,无直线基准测量法又可分为反向法、移位法和多测头法。

(1) 反向法

反向法是将被测零件进行两次安装,并分别进行两次测量,两次安装的位置正好反向,经数据处理求出被测零件的直线度误差。根据采用的直尺的数量,反向法又可分为单尺法、双尺法和三尺法。单尺反转测量法原理如图 9-1 所示,将被检直尺放在滑板上,滑板沿床身做直线运动,由激光系统对直尺上各采样点进行测量。首先按图 9-1(a) 所示状态进行测量,然后将直尺(被测件)及整个测量系统反转

180°(见图 9 - 1(b))进行第 2 次测量,最后将两次测量的数据进行处理,即可得到直尺的直线度误差及滑板移动的直线度误差。据报道,用这种方法水平方向测量精度为 13 nm,垂直方向为 50 nm。

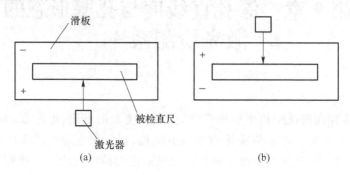

图 9 - 1　单尺反转误差分离原理

（2）移位法

移位法是通过被测零件的起始测量位置的变动进行两次测量,即第 1 次测量后,被测件向前平移一跨距,再进行第 2 次测量,经数据处理可消除测量基准本身的直线度误差,求出被测件的直线度误差。

（3）多测头法

多测头法也叫多测点法,其测量原理如图 9 - 2 所示。在测量架上安装多个测头（A,B）,然后以测头间距（L）为步长逐次测量,各次测量的首尾端点相接,并记录下每个测头的读数,然后通过数据处理进行误差分析,可同时得到被测表面的直线度和测量架的直线度偏差。

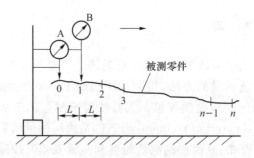

图 9 - 2　多测头法测直线度误差

综上所述,误差分离法（EST）测量直线度误差的特点为:①实用可靠,适用于在线或离线测量,一次测量可获得多项测量误差,提高了测量精度和测量效率。②当长度 L（被测件的总长度）一定时,采样点数 N 越大,测量精度越高。③在保证同样测量精度的条件下,可显著降低对基准件及量仪的精度要求。④受多种因素影响,如测量装置结构参数选择不当、测头间距误差、传感器标定误差、工件安装误差等,会使测量准确度下降。

9.1.2　有直线基准测量

直线基准测量法是直接采用一定的直线基础(straight line reference),并以此基准来检测被测表面的直线度偏差(线差或角度值),从而获得被测表面的直线度误差值。所采用的直线基准通常有三种:实物基准、重力水平基准和光线基准。其常用测量方法如下:

① 光隙法是用刀口尺作为理想直线测量直线度误差的一种方法,如图 9 - 3 所示。这种方法通常用于对尺寸较小的磨削或研磨表面进行测量。直线度误差大小可通过测刀口与表面间光隙的大小来判断,误差值大小由比对法获得。在良好的照明条件下,可以清楚地判断出 1 μm 的微小间隙。

② 节距法把被测要素按一定长度(节距)划分为若干等分,然后使用其测量微小角度的仪器测出各等分段相对于自然水平基准或某一固定光轴的倾角,再根据等分的长度将各段的角值偏差换算为线值偏差,最后根据该组线值偏差数据评定被测要素的直线度误差。

③ 测微仪法(打表法)通常以平板、导轨或平尺作为测量基准。其测量原理如图 9 - 4 所示,当测微仪台架在平板上移动时,仪器测头随之划过被测表面,测头的上下移动量反映出被测表面相对于平板(测量基准)的变化状况。也可以事先在被测表面上确定若干测量点,测量仪只在各测量点上测取数据。测微仪的最大读数之差就可以作为被测要素的直线度误差。该方法特点是操作简单、测量精度相对较高,可达 5 μm。缺点是测量基准存在着一定的误差,测量速度较慢,不能实现在线测量。

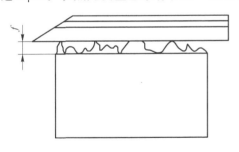

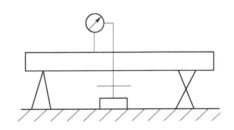

图 9 - 3　光隙法测直线度误差　　　　图 9 - 4　打表法测直线度误差

④ 三坐标法。三坐标测量机是近二十年来发展起来的一种以精密机械为基础,结合光栅与激光干涉技术、计算机技术、应用电子技术等先进技术的测量设备。利用三坐标测量机(或机床)的高精度导轨作为直线基准,在工作台沿床身导轨移动过程中,利用固定不动的测微表测量被测件表面各采样点的偏差值。该法具有精度高、测量灵活、系统柔性好的优点,但测量属于接触测量,对于定位点的确定需要一定技巧,测量速度较慢。随着测量工件的增大,系统往往需要配有高精度的长导轨,不适合于在线实时测量,适合于离线抽检。

⑤ 平晶干涉法是以平晶的工作面作为测量基准。测量时,选择与工件尺寸相当的平晶,然后将平晶工作面紧贴于被测工件表面,如图 9 - 5 所示。由于被测工件表面有直线度误差存在,故在平晶工作面上产生等厚干涉条纹,干涉条纹的条数 N 与间隙量 f 相对应。由于尺寸较小的加工表面多呈凸形或凹形,所以其直线度误差 $f = N\lambda/4$(λ 为投射光的波长),其特点是测量精度高(可达 $1\ \mu m$),对被测表面质量要求较高。

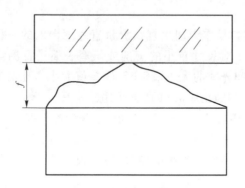

图 9 - 5　平晶干涉法测直线度误差

⑥ 激光准直仪法是以激光光束的能量中心线为直线基准,由光电位置敏感元件进行测量。其测量原理为:由氦-氖激光器发出的一束激光经准直后射向目标测量靶,该靶中心有一块圆形四象限硅光电池,两两相对的硅光电池接成差动式。其中心与靶子的机械轴线重合。上下一对硅光电池可用来测量靶子相对于激光束在垂直方向上的偏移;左右一对硅光电池可用来测量靶子相对于激光束在水平方向上的偏移。当光电接收靶中心与激光束能量中心重合时,相对的两个光电池接收能量相同,因此输出光电信号相等,无信号输出,指示电表指示为零。当靶子中心偏移激光束能量中心时,相对的两个光电池有差值信号输出,通过运算电路可用指示表指示出数值或用纪录仪纪录下曲线。因此,测量时首先将仪器与靶子调整好,然后将靶子沿被测表面测量方向移动,便能得到直线度误差的原始数据。其缺点是不易达到很高精度,因为光线在空气中并非绝对准直,测量范围越大,其偏差就越大;采用的光电位置敏感元件的测量精度较难大幅度提高;光束在传播过程中容易受到各种干扰而出现偏差。

⑦ 双频激光干涉法是将同一激光器发出的光分成频率不同的两束光,且使这两束光产生干涉,以涡拉斯顿棱镜作为位置敏感元件进行测量。其优点是测量距离大,测量速度高,抗干扰能力强,尤其是抗空气扰动的能力强,因此它适于在车间等环境稍差些的场合应用,测量精度可达 $0.4\ \mu m$。

⑧ 激光全息法是由日本的 Kiyofumi 等人提出的。原理如图 9 - 6 所示,由激光器 3 发出的光束经分束器 4 后分为两束光 F_1 和 F_2。F_2 经途中的光学系统后照射在全息底片 2 上,形成目标光束。F_1 经光学系统成像后照射到散射板 5 上,然后也

落在全息底片 2 上,并与 F_2 发生干涉,从而形成全息图。当光学单元 1 沿光轴方向移动并出现横向位移时,将使干涉条纹发生变化,从而可测得其直线度偏差。

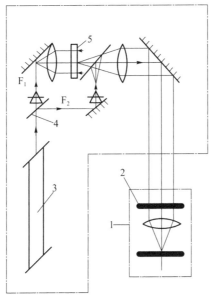

1—光学单元；2—全息底片；3—激光器；4—分束器；5—散射板

图 9 - 6　激光全息法测直线度误差

9.2　深孔直线度检测装置

形位误差的测量大多采用间接测量法,需要经过较复杂的数学运算才能得到最终的测量结果,所以形位误差的智能化测量便成为领域所追求的一个目标。同时,在保证一定测量精度的前提下,使直线度的测量方法简化、测量装置的制造成本降低,也是机械制造业追求的一个目标,所以在此基础上,研发多种深孔直线度检测装置及设备也是直线度检测方面一个关键性问题。

9.2.1　杠杆法

杠杆法测量原理图如图 9 - 7 所示,测量时,将工件安置在工作台上,测量元件放置在工件内部,通过工件在工作台上的轴向移动,利用测量元件来感知工件轴截面圆心位置的变化,并通过杠杆反映给千分表进行读数。该方法每次测量的都是某一轴截面内的直线度,因此测量轴线直线度需要多次旋转工件。

该方法测量时对于管件内壁要求较高,如若内壁粗糙度过大测量时会受到很大影响。

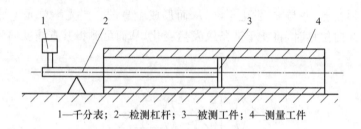

1—千分表；2—检测杠杆；3—被测工件；4—测量工件

图 9-7　杠杆法测量原理

9.2.2　感应式应变片测量法

如图 9-8 所示,该方法主要是依靠感应式应变片本身的特性来进行测量的,当该应变片发生位移或者形变时,会产生电信号。将多个感应式应变片多方位地安装在钻杆上,当钻杆工作时扭矩一直在变化,这时候将感应式应变片的电信号进行捕捉和处理,就可得到深孔直线度相关的数据,进而便可求解出深孔直线度误差。该方法较多用于钻削过程中的工作监测,价格较为昂贵,不适合用在一般的深孔直线度检测。

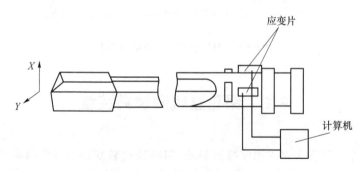

图 9-8　应变片测量原理图

9.2.3　超声波测量法

超声波的振动频率一般高于 2×10^4 Hz,且方向性好、反射性好,超声波测量厚度就是利用了这种原理。其工作原理为:将超声波发射器固定在孔零件的外侧,对其进行超声波发射,当超声波遇到工件中孔与壁的交界处时,会发生反射,进而可以测量到孔壁的厚度。

如图 9-9 所示,将超声波测头安置在孔工件的外侧,与深孔机床的进给装置连接在一起,便可进行钻削途中的实时测量。首先测出初始位置轴心的位置,测头随着进给运动可以测量较多截面的壁厚,即可得到任一截面轴心的位置,通过计算可以计算出其轴线的偏斜量。由于在测量深孔零件壁厚时,每一截面在轴线方向上距离很近,其两轴心连线可以直接代表着直线度,因此测量精度很高。劣势在于超声波测量对于环境要求高,测试平台造价成本高,对于深孔材料和介质有要求。

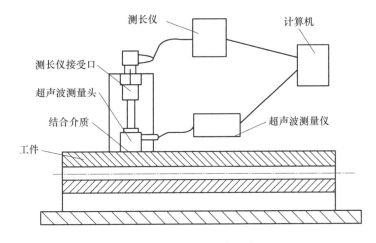

图 9 - 9　超声波测直线度

9.2.4　透光测量法

如图 9 - 10 所示,透光测量法是利用光线的反射原理来测量的。将测量刻度板放置在深孔零件的一端,并保持两者的端面平行。此时观察者在孔零件的另一端观察刻度板,若观察到刻度板中的深孔发生畸变,则证明其深孔轴线发生偏斜。该方法测量环境简单,测量器件工作原理较为简单,但是同量规法一样,只能进行深孔零件是否合格的检测,不能求出其直线度误差的具体数值,且在较深的孔中无法顺利进行,会因为观察者人为的因素导致无法正常观测。

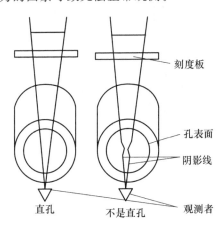

图 9 - 10　透光测量法

9.2.5 校正望远镜测量法

图 9 – 11 所示为校正望远镜测量法原理图。测量原理是:在深孔内安装与孔径大小相适应的测标,将望远镜、照明装置以及孔里的测标进行校准,以保证光轴可以顺利通过首尾测标,以此时的光轴作为测量基准轴线。将深孔内的多个测标依次移动至基准轴线上,此刻通过望远镜来观察光轴在测标上的偏差,便可以得到该坐标所在截面的轴心偏差。依次测量完所有测标后,可以得到深孔的实际轴心线,与光轴相结合便可计算出直线度误差。

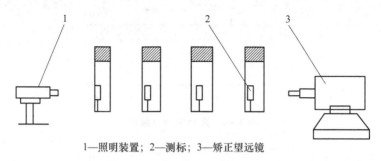

1—照明装置; 2—测标; 3—矫正望远镜

图 9 – 11   校正望远镜测量法原理

校正望远镜利用一个轴向对称的双像棱镜,光线透过校正望远镜会形成两个相垂直的投影面(相交处为光轴)。若光轴与基准轴存在偏差,则会出现两个分开的图像,图中间会出现一条明亮的白线(见图 9 – 12(a));若基准轴与测标中心连线重合,则两个投影平面会出现两个轴对称的图案(见图 9 – 12(b))。

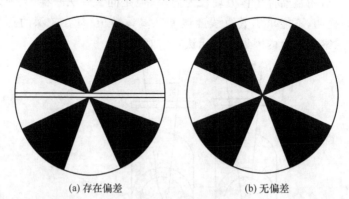

(a) 存在偏差   (b) 无偏差

图 9 – 12   校正望远镜图像

9.2.6 准直镜测量法

图 9 – 13 为准直镜测量原理:将测标安置在孔零件的一端,并将孔零件与准直镜

保持水平,使准直镜的轴线与孔零件中的测标中心对齐。此时通过准直镜可以观测到初始轴心,并以此轴心为基点,通过推杆将测标在深孔中有跨度地推送,记录其测标上的每一组数据。通过计算便可得到整个深孔的直线度误差。由于测标在深孔中的移动方式有限,所以只适用于较大较浅的孔类零件,且计算精度较差,易受人工因素的影响。

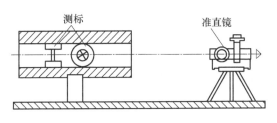

图 9－13　准直镜测量原理

9.2.7　同轴度测量深孔直线度法

同轴度测量深孔直线度法是一种基于虚拟制造、激光检测等技术测量直线度的专用方法。具体的测量装置如图 9－14 所示。

该装置的测量原理是通过专用的测量工具,在圆跳动的设计标准内测量不同孔径的同轴度偏移量来反映孔中心线的上下偏差。测量过程如下:①清理深孔表面杂质,装配测量元件。②安装固定基准 a 于深孔的左侧。检验是否安装合适:当 0.01 mm 的塞子不能进入待测孔与测量装置之间,则证明正确安装固定基准 a。③按照相同方法安装可移动测量装置。④将激光发射装置安放于固定基准 a 上的矩形槽内。移动装置 b,记录数据。⑤以装置 b 的示数来反映深孔的中心偏差,记录数据并完成测量。

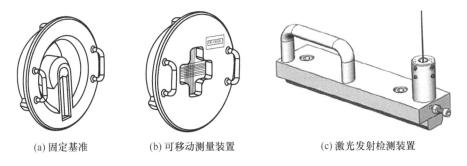

(a) 固定基准　　　　(b) 可移动测量装置　　　　(c) 激光发射检测装置

图 9－14　同轴度测量直线度装置

该方法测量精度高,方便快捷,可实现数据的自动化采集,而且避免了因精确定心而产生的误差,只适用于大孔径的测量,对于中小型孔的检测难度系数大。

9.3　基于半导体激光器的深孔直线度误差评定方法

随着计算机、传感器、图像处理、可视化等技术的出现及对产品质量要求的不断提高,机械产品检测领域越来越呈现出多技术融合的特点。传统检测方法技术单一,很难在高精度检测领域应用。深孔加工过程本身具有复杂性,且耗时长,各项精度要求很高,这就势必使研究人员考虑借助于现代先进技术实现对深孔各项指标的高精度检测。研究深孔直线度新型检测技术在一定程度上也促进了多领域技术的融合,丰富了检测方法。本节提出的基于半导体激光器的深孔直线度误差评定方法包含激光光斑坐标检测系统和深孔直线度误差分析算法两部分。坐标检测部分负责将深孔直线度误差反映出的特殊光电信息转化为直线度误差分析所需的光斑坐标信息。直线度误差分析算法则负责根据光斑坐标信息,构建深孔实际轴线模型,对深孔直线度误差进行评定。另外,此方法与目前使用的各种深孔直线度检测方法有很大不同,克服了常用深孔直线度检测方法普遍存在的原理性误差。本方案具有一定的创新性,采用机、光、电技术相结合的方法,检测装置与计算机相连,由计算机数据处理并显示直线度数值。

9.3.1　基于半导体激光器的深孔直线度检测原理

深孔零件的直线度为任意方向上的直线度,存在一个最小的圆柱面,能够将该零件的内孔轴线全部包含在内,所以深孔直线度测量便是求解出该圆柱面直径的过程,如图 9-15 所示。

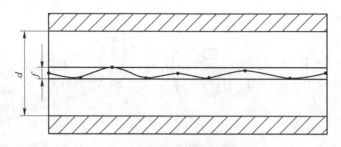

图 9-15　直线度示意图

求解最小圆柱面直径,需要先得到该零件的内孔轴线。如图 9-16 所示,弹性张紧装置 2 与连接杆 3 刚性连接,连接杆 3 上固定有激光发生器 4,连接杆 3 通过球面副 6 与某固定零件连接,连接杆 3 与固定零件能绕球面副 6 的球心在空间内转动;在激光射出的方向,设置有光敏传感器 5,激光发生器 4 射出的激光束照射在光敏传感器 5 上,光敏传感器 5 可以将激光束在光敏传感器上形成的光斑位置不间断地输出至计算机；将弹性张紧装置 2 伸入深孔零件 1 内部，当深孔零件 1 匀速向右移动，弹性张紧装置 2 会紧贴深孔内壁与深孔内壁发生相对滑动；当深孔零件 1 内孔轴线为理想的直线时，深孔零件沿轴向滑动不会引起弹性张紧装置 2 径向移动，弹性装置 2 与激光发生器 4 均不会发生位移，激光发生器 4 射出的激光束在光敏传感器 5 上形成一个固定的光斑；当深孔零件内孔不为直线时，深孔零件 1 沿轴向滑动，因其内孔轴线弯曲会导致弹性张紧装置 2 随着内孔的弯曲发生径向位移，激光发生器 4 射出的激光束会在光敏传感器 5 上形成一个移动的光斑；将光斑位置输出至计算机，即可得到深孔零件内孔的实际轴线。通过对实际轴线进行分析，便可求解出该圆柱面直径，即为该零件的内孔直线度。

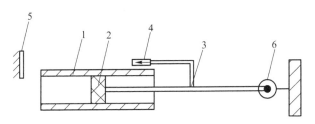

1—深孔零件内壁；2—弹性张紧装置；3—连接杆；4—激光发生器；5—位敏传感器；6—球面副

图 9-16　直线度检测装置示意图

9.3.2　激光光斑检测系统总体设计

激光光斑检测系统功能为接受激光光信号并推算激光光斑能量中心在位敏传感器光敏面的位置，其主要包括半导体激光器 LD、光电位置敏感探测器 PSD 及 PSD 后续处理电路。

（1）半导体激光器 LD

半导体激光器的作用是产生激光，它表示原子受激辐射的光。激光是以光子束的形式存在，其光子光学特性高度一致。激光的原理来自于 1916 年由爱因斯坦发现的受激辐射理论。然而，由于普通光源中的粒子产生受激福射的概率极小，直到 1960 年 5 月 15 日，人类有史以来的第一束激光才被美国的科学家梅曼制造出来。与普通的光线相比，激光具有 3 个十分重要的特性：

①　良好的方向性。激光束的发散角非常小，因而具有很高的平行度，在向特定的方向发射时，激光的光线能够集中在一个非常狭窄的范围内。对于一般的光线，即使是方向性非常好的探照灯，当照射距离达到几千米以外时，其光束会扩展到几十米的范围；而激光束在几千米之外的扩展范围却只有几厘米。激光测距技术就是利用了激光良好的方向性。

②　很高的单色性。普通光线的频率宽度要比激光的频率宽度大 10 倍以上，因

而激光的单色性非常好，是最好的单色光源。激光测长技术主要利用的就是激光的高单色性。

③ 极高的亮度。激光在亮度方面比普通的光线有很大的飞跃，其亮度甚至可以达到太阳光的 100 亿倍。高亮度的激光束在汇聚之后，能够在短时间内产生极高的温度，一些溶点极高的金属也会因此在瞬间熔化。

激光发生器是用来产生激光的仪器，它主要包括工作介质、激励源以及光学谐振腔。其原理是通过选取适当激励方式使得工作介质中的粒子发生受激辐射，再借助由光学谐振腔所引入的正反馈来产生光子振荡，从而产生激光。

半导体激光器是以半导体为原材料制作的受激辐射产生激光的光学器件。它有三种主要的激发模式，即电注入型、光泵型和高能电子光激发型。同时，半导体激光器波长范围广（300 nm～十几微米）、能量转换效率高、易于进行高速电流调制，拥有超小型化、结构简单、可大批量生产、使用寿命长等突出特点，因此其成为目前应用范围最广、最成熟可靠的激光器种类，广泛应用于激光测量、激光雷达、激光武器、光存储、激光控制与跟踪、激光打印机、自动控制、探测设备等领域。

深孔直线度误差检测主要利用了激光的准直性，让光束模拟孔中心线，使孔的偏差依靠光束的偏差进行表达。此外，激光位移检测易受环境光影响，为消除光干扰，常采用对激光进行脉冲宽度调制的方法尽可能消除干扰，而半导体激光器选择泵浦电流为脉冲形式时，开关时间极短，利于进行脉冲调制。

（2）位置敏感探测器 PSD

位置敏感探测器是一种基于半导体横向光电效应，对其感光面上的入射光或粒子位置敏感的光电器件。通过 PSD 能够直接探测到入射光或粒子的能量重心位置，从而使几何位置测量过程变得更为方便快捷。

从功能上讲，PSD 属于光电位置探测器，这是一种能够检测辐射光功率并具备一定空间分辨能力的光学器件。除了 PSD 以外，常用的光电位置探测器还包括光电二极管、电荷耦合器件 CCD、电荷注入器件 CID、电荷扫描器件 CSD、红外焦平面阵列器件和象限探测器等。其中，最为常用的光电位置探测器则是光电二极管、象限探测器、CCD 和 PSD。

光电二极管与 CCD 的光敏元件是不连续的，因此它们对于信号输出位置的分辨率并不高，从而导致无法对连续变化的位置信号实现较好的输出，但是光电二极管的响应速度却是 PSD 无法比拟的；象限探测器的响应速度也非常快，其上升和下降的时间均在纳秒量级，因而适用于信号从低频到高频不断变化的情形，然而象限探测器在进行测量时必须保证输入光斑能够同时跨越其各个象限且输入光斑的形状应是对称且均匀的，同时由于象限探测器在其各个象限之间存在着一定的间隙，导致其存在探测盲区，因此对于极小的光点或者是不对称的非均匀输入光斑它的测量效果并不好。

与其他光电器件相比，PSD 最大的特点则在于：它是一种连续型的模拟器件，克服了阵列型器件分辨率受像元尺寸限制的缺陷。PSD 器件虽然无法进行多个输入信号的同时处理,但是由于其探测器本身与信号处理电路的构成非常简单,而且对于连续输入的位置信号也能够很好地实现,因此它几乎不存在测量盲区。又由于器件具有不错的灵敏度以及良好的瞬态响应特性,因此它在需要进行位置、高度、角度以及距离测量的各个领域里有着非常广泛的应用。

PSD 的产生源自于半导体的横向光电效应,即当非均匀的光入射到半导体的P‐N 结时,不仅会沿着结的纵向产生光生电动势,而且也会沿着 P‐N 结的横向产生光生电动势,同时由光生电动势所产生的光电流会沿着半导体的表面向电极分布。当入射光作用在 PSD 的光敏面的不同位置时,会对应产生不同的电信号,对其进行一定的计算处理之后则能够将其转换为入射光斑作用于 PSD 光敏面的位置坐标。

PSD 的基本结构与光电二极管类似,其一般的制作方法是将杂质扩散或者注入其半导体衬底的表面以形成 P‐N 结,并且在其扩散面的侧面形成电极。当 PSD 的光敏面被非均匀光入射时,在平行于 P‐N 结平面的方向上会因横向光电效应而形成电势差,所产生的光电流会在扩散层被分流,并被电极收集。由于从器件的电极中输出的光电流的大小受到入射光斑能量重心位置的影响,因此就能够根据输出的光电流的大小来对入射光斑能量重心的位置进行连续实时地检测,从而达到几何测量的目的。

PSD 从产生至今已经过了数十年的发展,日本的滨松光子学株式会社、瑞典以及美国等公司开发并制造的各种规格的器件更是广泛地应用于当今社会的各个领域。目前在实际生产应用中最常使用的器件按照其结构的不同则主要分为一维与二维器件。一维器件在其光敏面的两端分别有两个电极,用于一维空间上的位置测量;而二维器件则在其光敏面的两端分布有四个电极,用于二维空间的位置测量。

对于二维 PSD,根据其结构的差异则又可以分为四边形结构的二维 PSD、双面结构的二维 PSD 以及枕形结构的二维 PSD。三种类型的二维 PSD 器件的性能特点比较如下:

① 四边形结构的二维 PSD:四个输出电极均位于器件的前表面,另有一个位于器件背面的公共电极能够用来施加足够的反偏电压。其优点是暗电流小、光谱灵敏度高;其缺点是位置线性度差、边缘畸变大。

② 双面型结构的二维 PSD 电极位于器件的前表面与后表面,不存在公共电极,其反偏电压由信号电极施加。其优点是位置线性度好、分辨率高;其缺点是暗电流较大,难以施加反偏电压,信号处理电路比较复杂。

③ 枕形结构的二维 PSD 为四边形结构的二维 PSD 的改进型,光敏面的形状为枕形。其优点是位置线性度好、边缘畸变小、暗电流小、响应速度快;其缺点是光敏面有效使用面积小、器件制作困难,如图 9‐17 所示。

对于枕形结构的二维 PSD,由于它与四边形和双面型结构的二维 PSD 在几何构造上有着较大的区别,因此其入射光斑坐标的计算公式也与前两种类型的二维 PSD

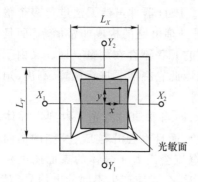

图 9 - 17 二维枕形 PSD

完全不相同。如果以光敏面的中心为坐标原点,设四个电极所输出的光电流分别为 X_1、X_2、Y_1、Y_2,则其入射光斑坐标可由下式计算:

$$\begin{cases} x = \dfrac{(X_2+Y_1)-(X_1+Y_2)}{X_1+X_2+Y_1+Y_2} \cdot \dfrac{Lx}{2} \\ y = \dfrac{(X_2+Y_2)-(X_1+Y_1)}{X_1+X_2+Y_1+Y_2} \cdot \dfrac{Ly}{2} \end{cases} \tag{9-1}$$

位置敏感探测器的光敏面分为 A 区和 B 区,A 区表示光敏面中心区域,在此区域内探测器非线性误差较小且测量精度高;B 区表示光敏面外围区域,受探测器非线性误差影响比较大,若想得到精确测量结果需采用查表法、插值法、BP 神经网络等手段进行标定。PSD 的主要性能参数包括:

① 受光面积。

理想情况下,PSD 是检测光敏面上光点中心(照度中心)位置的光电检测元件。因此,通常在 PSD 前面设置聚光透镜,使受光面上的光点较小。选择受光面积合适的 PSD,确保光点进入受光面。对于位移、距离等测量系统,当被测物移动时,光点在 PSD 上移动。所以,传感器的测量范围与 PSD 的长度密切相关。

② 光谱响应范围。

在单位光功率的单色光照射下,PSD 的输出电流随入射光波长变化而变化的关系称为光谱响应范围,如图 9 - 18 所示。不同波长的光源照射,PSD 输出的电流大小不同。设计时为了达到最佳效果,通常选用峰值响应较高的光源。在外部有遮挡的情况下,由于周围的光不能进入 PSD,在一定的敏感波长范围内采用任何光源都不会有问题。然而,对于有其他混合光源的场合,如白炽光、荧光、水银光、太阳光等入射到 PSD 上,则信号光源的光就被淹没了。这时,PSD 的窗口材料要采用可见光截止型的。

③ 位置检测误差。

位置检测误差是指光点的实际移动量与用 PSD 两极电流计算出的移动量之间的差值,即实际的光点位置与检测的光点位置的差值,最大约为全受光长的 2% ～ 3%。PSD 的位置检测精度也就相当于此程度。若要求更高的检测精度时,可应用

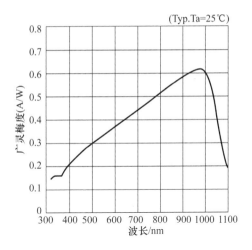

图 9 - 18　PSD 光谱响应范围

查表补偿或调整增益。

④ 位置分辨率。

位置分辨率是指 PSD 光敏面能检测到的最小位置变化,用受光面上的距离表示。器件尺寸越大,PSD 的位置分辨率越高。现实中为了提高 PSD 的位置分辨率,就必须增大 PSD 的分流层电阻,减小暗电流,此外还需选择低噪声的运算放大器以及分辨率足够高的测试仪表。

⑤ 线性度。

位置误差是指 PSD 测量位置与实际位置之间的绝对误差,$\Delta X = X_i - X_n$,其中X_i为实际位置,X_n为测量位置。

均方根位置误差:

$$\delta = \sqrt{\sum_{i=1}^{n} \frac{(X_i - X_n)^2}{n}} \tag{9-2}$$

PSD 的线性度是指输出电信号与实际位置之间的线性关系程度,即 PSD 测量位置与实际位置之间的线性关系程度,衡量线性度一般用均方根非线性误差来表示。均方根非线性误差为$\delta/L \times 100\%$。

PSD 光斑坐标检测系统是深孔直线度检测的重要部分,原因在于深孔直线度检测过程中,激光模拟孔中心线,PSD 位置探测器可检测曲线各点坐标。深孔直线度误差就是依靠曲线上光点轨迹坐标配合误差分析算法进行求解的。

(3) PSD 后续处理电路

① 设计分析。

得到 PSD 的四路输出电流信号X_1、X_2、Y_1、Y_2后,根据式(9-1)便可以计算出以 PSD 感光面几何中心为原点的光点位置坐标x、y。

在设计时,通过对式(9-1)分析,将公式的加减运算均通过电路实现,因两个计算公式的分母相同,所以只需要三路信号即可。PSD 电极输出的电流是非常小的,通常只达到 μA 级别,所以首先要将四路电流输出信号做 I-V 放大变换,将其放大变为电压信号,然后经过加法器和减法器的和差处理后,得到三路电压信号:

$$\begin{cases} \text{signal}_1 = (X_2 + Y_1) - (X_1 + Y_2) \\ \text{signal}_2 = (X_2 + Y_2) - (X_1 + Y_1) \\ \text{signal}_3 = X_1 + X_2 + Y_1 + Y_2 \end{cases} \tag{9-3}$$

对三路信号分别进行测量,便可计算出入射光点坐标为

$$\begin{cases} x = \dfrac{\text{signal}_1}{\text{signal}_3} \cdot \dfrac{L}{2} \\ y = \dfrac{\text{signal}_2}{\text{signal}_3} \cdot \dfrac{L}{2} \end{cases}$$

② 电路实现。

根据 PSD 的工作原理,虽然 PSD 的入射光点位置坐标 x, y 计算公式与入射光强度无关,但 PSD 每个电极的输出电流却是与入射光强度成正比的。这就意味着在设计 I-V 变换电路时,应该考虑到光源强度的大小,不能使放大器的输出饱和。如果光源的强度可以调节的话,则应该根据 I-V 变换电路,将光源的强度调整到适当的位置。

装置中采用的激光发射器的光强是不可以调整的,同时光源也是恒定的连续光源,光点入射到 PSD 上后其电极输出信号为稳定的直流信号,PSD 的后序处理电路采用如图 9-19 所示的简单直流通路。运算放大器采用的是 OPA4131。图 9-19 中左边部分是由四个反向输入运算放大器构成的前置 I-V 转换放大电路,输入为 PSD 的四个电极信号,其中的反馈电阻并联上电容构成低通滤波器,以减小噪声。在设计 I-V 变换电路时应该考虑其增益的大小,反馈电阻的阻值根据信号光的强弱而定,在信噪比满足要求的前提下,反馈电阻应尽量选小一些,以避免出现饱和现象,其选择一般为 100 kΩ~1 MΩ。调整 Rf 和 Cf 的大小使增益在适当的位置,通过多次实验,将 Rf 和 Cf 的值分别确定为 150 kΩ 和 0.1 μF。此时经过 I-V 电路后,PSD 各电极的输出信号被转换为了 0.4~0.8 V 的电压信号。图 9-19 中右边部分是后级位置解算电路,将 I-V 变换后的电压值进行加减运算后得到式(9-3)中的 3 路电压信号,其中的电阻都为 10 kΩ。

9.3.3 PSD 后续处理电路硬件测试

在进行光斑坐标检测精度测试前,应首先对各传感器及硬件电路各个部分进行测试,检测电路本身正确性。需检测部分包括:探测器分辨率、前置放大电路、次级放大电路、加减法电路。前置放大电路是对微安级电流进行放大,由于缺少相关检测仪器,故无法对其放大倍数进行检测。

(1) 位置敏感探测器分辨率测试

本次测试使用日本神津精机公司的 XA07A - R103 定位平台作为测试台,其分

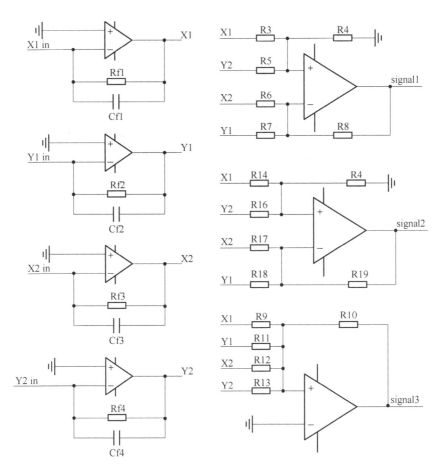

图 9 - 19　PSD 信号处理电路

辨率可达 0.5 μm,如图 9 - 20 所示,将被测位敏探测器安装于测试平台上。通过移动定位平台,首先将激光光斑置于探测器中心,然后沿一个方向移动平台分别记录平台移动量与探测器采集量,测试过程中定位平台连续移动 7 次,每次移动 1 μm,采集数据如表 9 - 1 所列(本次实验所用 PSD 信号处理器为深圳光测科技公司产品)。

表 9 - 1　分辨率测试数据表(跳动 1 μm)

序号	平台移动量/μm	探测器读数/mm
1	1	0.001
2	1	0.002
3	1	0.003
4	1	0.004
5	1	0.005
6	1	0.006
7	1	0.007

图 9 - 20　分辨率测试实验图

由表 9 - 1 数据可知，平台每移动 1 μm，探测器读数变化 1 μm 且其在 1 μm 内跳动。例如平台移动量为 1 μm 时，探测器读数在 0.001 mm 和 0.002 mm 两者之间跳动；平台移动量为 2 μm 时，探测器读数在 0.002 mm 和 0.003 mm 两者之间跳动。因此，此款探测器可分辨 1 微米的变化量，其分辨率可达 0.001 mm，满足设计任务要求。

（2）次级放大电路测试

本次测试通过连续 6 次移动激光发生器，改变光斑在光敏面位置，使探测器输出电流发送变化，进而改变次级放大电路输入电压，使用万能表分别测量次级放大电路输入前和输入后 4 路电压变化情况，测量数据如表 9 - 2 所列，实际放大倍数与理想放大倍数对比如图 9 - 21 所示。

表 9 - 2　次级放大电路测试数据

实验次数	电　压	X_1/V	Y_1/V	X_2/V	Y_2/V
1	次级放大前U_i	−0.132	−0.121	−0.394	−0.34
	次级放大后U_o	0.405	0.370	1.190	1.034
	U_o/U_i	−3.06	−3.05	−3.02	−3.04
2	次级放大前U_i	−0.237	−0.237	−0.226	−0.188
	次级放大后U_o	0.718	0.717	0.686	0.573
	U_o/U_i	−3.02	−3.02	−3.03	−3.04

实验次数	电　压	X_1/V	Y_1/V	X_2/V	Y_2/V
3	次级放大前 U_i	−0.339	−0.238	−0.194	−0.217
	次级放大后 U_o	1.026	0.721	0.590	0.663
	U_o/U_i	−3.02	−3.02	−3.04	−3.05
4	次级放大前 U_i	−0.260	−0.185	−0.246	−0.291
	次级放大后 U_o	0.789	0.562	0.746	0.888
	U_o/U_i	−3.03	−3.03	−3.03	−3.05
5	次级放大前 U_i	−0.184	−0.132	−0.297	−0.357
	次级放大后 U_o	0.555	0.402	0.896	1.087
	U_o/U_i	−3.01	−3.04	−3.01	−3.04
6	次级放大前 U_i	−0.311	−0.22	−0.2	−0.227
	次级放大后 U_o	0.94	0.668	0.606	0.694
	U_o/U_i	−3.02	−3.03	−3.03	−3.05

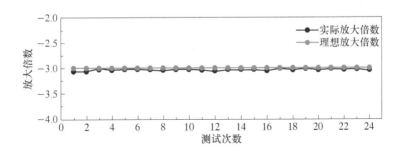

图 9 - 21　电压放大效果图

在设计次级放大电路时,电压信号由反相输入端输入运算放大器,因此设计放大倍数为 −3 倍。由表 9 - 2、图 9 - 21 可知,4 路放大信号经过次级放大后的电压与次级放大前电压比值十分接近设计放大倍数,其最大差为 0.06,最小为 0.01,即放大误差最大 2%,平均放大误差 1%,满足预期设计要求。

(3) 加减法电路测试

加减法电路将次级放大后的 4 路信号分别转换为 3 路信号。在进行次级放大电路的 6 次测试时,每次测试同时测量 signal1、signal2、signal3 电压值,测量数据如表 9 - 3 所列,表中理论值由次级放大电路测量值计算得到。

表 9-3 加减法电路测试数据

实验次数	值	信号 1/V	信号 2/V	信号 3/V
1	测量值	0.125	1.449	2.98
	理论值	0.121	1.449	2.99
	差值	0.004	0	−0.01
2	测量值	0.110	−0.174	2.68
	理论值	0.112	−0.176	2.69
	差值	−0.002	−0.002	−0.01
3	测量值	−0.371	−0.491	2.98
	理论值	−0.378	−0.494	3.00
	差值	0.007	0.003	−0.02
4	测量值	−0.363	0.286	2.97
	理论值	−0.369	0.283	2.98
	差值	0.006	0.003	−0.01
5	测量值	−0.344	1.022	2.93
	理论值	−0.344	1.026	2.94
	差值	0	−0.004	−0.01
6	测量值	−0.354	−0.307	2.89
	理论值	−0.36	−0.308	2.90
	差值	0.006	0.001	−0.01

由表 9-3 可知,信号 1 与信号 2 误差均在微米级,对最终结果影响较小。信号 3 电压由于测量时万能表只能显示到毫伏,所以理论值取到毫伏级。信号 3 误差在 2 丝之内。

如图 9-22 所示,电路加减效果良好,仅在第 9 次测试时误差稍大。因此,在测量取值过程中,对同一点连续采样多次,在程序中增加去极值求平均指令,有效消除了偶然误差,将信号 3 误差控制在 1 丝左右,满足设计要求。

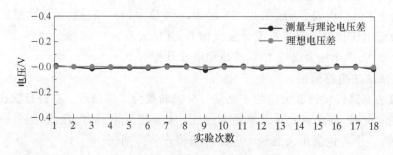

图 9-22 加减电路加减精度对比图

9.3.4　测试条件对采集系统的影响

(1) 不同背景光强度对光斑坐标的影响

深孔直线度检测的位置敏感探测器 PSD 在实际使用过程中,除激光发射器发出的激光照射在光敏面以外,还有自然光、灯光等其他背景光同时照射在光敏面上,为了探究背景光对于 PSD 的影响,特将激光发射器 LD 发出的激光照射在光敏面上,并保持不动,改变光源,观察 PSD 输出坐标的变化,表 9 - 4 所列实验数据是分别在 3 盏灯亮、2 盏灯亮、1 盏灯亮的情况下同一点坐标 10 次采样均值的变化情况。

表 9 - 4　不同背景光情况下 PSD 输出坐标变化表　　　　　　　　mm

背景光源情况	3 盏灯亮		2 盏灯亮		1 盏灯亮	
采样次数	X	Y	X	Y	X	Y
1	5.575	0.977	5.590	0.987	5.598	0.993
2	5.576	0.977	5.590	0.988	5.598	0.992
3	5.575	0.977	5.591	0.985	5.598	0.992
4	5.575	0.977	5.591	0.988	5.599	0.993
5	5.574	0.976	5.591	0.988	5.599	0.992
6	5.574	0.977	5.591	0.988	5.598	0.992
7	5.576	0.978	5.591	0.987	5.599	0.993
8	5.575	0.977	5.593	0.988	5.599	0.994
9	5.576	0.978	5.592	0.988	5.598	0.992
10	5.575	0.977	5.593	0.988	5.600	0.993

由表 9 - 4 可知,在有灯亮起时,相比于黑暗条件下,可明显看出有背景光时坐标更加靠近探测器光敏面中心,且随着背景干扰光越强,坐标越靠近中心位置,因此本节将背景光看作是一束射向光敏面中心的光束,这个光束在光敏面上的能量中心刚好与光敏面中心重合,使探测器输出 4 路大小相等的电流,背景光对于测量的影响就转换成 4 路电流的影响,且当干扰光强度越大时,引起的电流变化越大,坐标数据失真越严重。

设干扰光引起的 4 路电流变化都为 I,根据式(9 - 1)PSD 输出坐标计算公式,可得干扰光影响下光斑坐标公式为

$$\begin{cases} x = \dfrac{(X_2 + Y_1) - (X_1 + Y_2)}{X_1 + X_2 + Y_1 + Y_2 + 4I} \cdot \dfrac{Lx}{2} \\ y = \dfrac{(X_2 + Y_2) - (X_1 + Y_1)}{X_1 + X_2 + Y_1 + Y_2 + 4I} \cdot \dfrac{Ly}{2} \end{cases} \quad (9 - 4)$$

由式(9 - 4)可知,光强越大,电流 I 越大,坐标 x、y 越靠近零点,数据失真越大,

与上述实验数据变化情况一致。

（2）背景光对检测精度的影响及解决方案

在相关应用领域中，背景光干扰是阻拦位敏探测器大规模应用的最大障碍。在使用 PSD 产品时，使用者不可能将设备始终置于完全黑暗的条件下，即不可能直接去除背景光。现阶段去除背景光可从硬件和软件两方面下手解决。在硬件上，第一种方法可在电路中加入一组采样保持器，并对激光进行脉冲调制，当激光脉冲信号置于高电平时，1 号采样保持器采集信号，2 号采样保持器保持原来信号不变；当脉冲信号为低电平时，1 号采样保持器保持原来信号不变，2 号采样保持器采集信号。在对一个周期信号采集后，将两采样保持器采集的信号进行相减，便可以得到有效信号。第二种方法是在硬件电路中加入滤波并对激光进行调制，滤除频率与激光相差较大的干扰光信号。第三种方法是在光敏面前端加入滤光片，滤除激光波长以外的光信号。在软件方面，第一种方法是采用 FPGA 分别对激光和 ADC 进行控制，控制激光亮时，采集一次；激光灭时，采集一次，进行相减，原理和硬件第一种方法相似，可以说是通过软件实现了硬件的第一种方法。第二种方法是在每次上电测量前，首先关闭激光，采集此时信号 1、信号 2、信号 3 电压大小，然后进行后续测量，得到的后续电压值分别减去关闭激光得到的对应电压值，以此达到去除背景光的目的，但这种方法要求背景光源稳定，光强不会随时改变。相关研究显示，硬件方法中第一种方法去除干扰光效果最佳，但相关 IC 芯片受限无法获得，本设计中采取加滤波电路和滤光片的方法，同时在采集每个点的坐标数据时，分别对激光亮和灭的情况下都采集 5 次，然后去极值求平均，再将激光亮时的电压值减去激光熄灭时采集到的电压值，最后用计算得到的电压值计算坐标，尽可能降低背景光对坐标的影响。

9.3.5 入射激光参数对 PSD 的影响

激光对位敏探测器的影响主要分为激光光强和激光光斑大小两方面。

（1）激光光强对探测器的影响

选用恒定 5 mW 输出的激光发射器，同时进行方波调制，占空比为 65%，导致激光发射器发出的激光光强约为 3.25 mW，当激光用于方波调制的线和正极接在一起，则激光发射器不再调制，直接 5 mW 输出。实验中将调制后的激光和不调制的激光分别照射同一点，采集 10 次取均值并观察采集到的坐标变化情况。实验结果如表 9 - 5 所列。

表 9 - 5　入射光光强对坐标的影响

激光功率/mW	光斑坐标/mm
3.25	(3.568,4.134)
5	(3.564,4.129)

由表 9-5 可知光强大小的变化并不会对光斑的坐标造成较大影响,但随着光强变大,探测器输出的四路电流信号会变大,如果光强一直变大,则会导致电信号超出 AD 转换器采集电压范围,ADC 将始终满量程输出。所以应选择光源输出稳定且光源强度与采集装置相匹配的激光发射器,这样才能保证测试的精度和多次测量的一致性。

(2)激光光斑大小对探测器的影响

激光光斑大小与本身激光管有关,也与照射距离有关,本次实验通过改变测量距离来改变光斑大小,以此判断光斑大小对光敏位置探测器的影响。当激光和光敏面距离 0.5 m、2 m、4 m 时,在 A 区和 B 区分别对同一点测量 5 次,求其标准差。实验结果如表 9-6 所列。

表 9-6 光斑大小对于传感器输出坐标的影响

距离/m	A 区	B 区
0.5	$\sigma=0.006$ mm	$\sigma=0.014$ mm
2	$\sigma=0.009$ mm	$\sigma=0.020$ mm
4	$\sigma=0.015$ mm	$\sigma=0.032$ mm

PSD 探测器的特性决定了光斑坐标只与光斑能量中心位置有关,不会因为光斑尺寸变化而改变。如表 9-6 所列,光斑大小的变化会导致光斑能量分布不均匀,输出坐标发生随机改变。由表 9-6 也可知,B 区的坐标变化比 A 区要大,因此在使用 PSD 探测器测量时应尽可能缩小测量距离并且使光斑落在 A 区,即光敏面中间位置,或更换光斑面积更小的激光器,这样可以尽可能减少测量误差,提高整体测量质量。

9.3.6 PSD 坐标检测精度测试

激光光斑检测系统设计完成后,需要对坐标检测精度进行检测。根据深孔直线度检测实际需要,将位置敏感探测器 PSD、激光发射器、供电电源、PSD 硬件处理电路全部固定于电动微动平台上,其重复定位精度 0.01 mm。如图 9-23 所示,将激光器安装于微动平台移动臂上,通过电脑控制微动平台移动,将采集到的坐标信号处理后,得到光斑位移信息。将自制激光光斑坐标检测系统得到的位移值与电动微动平台机械臂的实际位移值进行对比分析。

实验开始后,首先移动微动平台机械臂使激光照射至 PSD 光敏面中心位置,随后微动平台向右移动,以"一条龙"的顺序由中间区域至边缘区域进行点动,每次移动 1 mm,平台移动至(-5,5)位置时,回到中心位置。随后微动平台向左每次移动 1 mm,移动方法不变,直至完成 PSD 光敏面中间 10 mm×10 mm 区域全部位置的测试。实验中光斑坐标检测系统检测到的光斑坐标位置如图 9-24 所示。

图 9-23　PSD 坐标检测精度测试实验

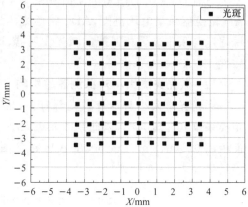

图 9-24　光斑坐标分布图

将实验数据与微动平台实际位移值进行对比分析后,结合图 9-24 可知测量到的光斑坐标值与实际坐标值存在一定比例关系。本节取 Y 坐标为零的一系列点推算 X 轴方向坐标值比例系数,取 X 坐标为零的一系列点推算 Y 轴方向坐标值比例系数,相关点坐标如表 9-7 所列。

表 9-7　坐标差值表　　　　　　　　　　　　　　　　　　mm

X 轴坐标	X 轴坐标差	比例系数	Y 轴坐标	Y 轴坐标差	比例系数
-3.3626	/		3.3438	/	
-2.6992	-0.6634		2.675	0.6688	
-2.0258	-0.6734		2.0061	0.6689	
-1.3435	-0.6823		1.3317	0.6744	
-0.6588	-0.6847		0.6531	0.6786	
0.0174	-0.6762	1.480 08	-0.0233	0.6764	1.473 62
0.6854	-0.668		-0.6977	0.6744	
1.3731	-0.6877		-1.3794	0.6817	
2.056	-0.6829		-2.0519	0.6725	
2.7277	-0.6717		-2.7235	0.6716	
3.3938	-0.6661		-3.3784	0.6549	

如表 9-7 所列,设计中以 X 轴坐标差均值的绝对值为准,计算 X 轴坐标值比例系数,以 Y 轴坐标差均值的绝对值为准,计算 Y 轴坐标值比例系数,即 X 轴系数 1.480 08,Y 轴系数 1.473 622。经比例系数修正后的光斑位置坐标如图 9-25 所示,圆点代表激光光斑:

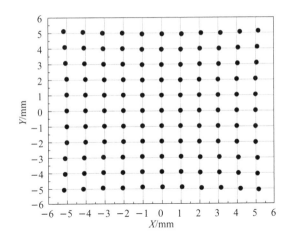

图 9-25　修正后光斑坐标分布图

由图 9-25 可以看出，越靠近边缘 PSD，非线性误差越大，其误差关于 X 轴、Y 轴对称，微动平台位移与采集到的光斑位移值误差如表 9-8 所列。

表 9-8　实际值与测量值误差表　mm

误差	X 轴方向	Y 轴方向
最大误差	0.059 574	0.030 2
平均误差	0.017 878	0.024 314

9.3.7　基于两质心连线法的深孔直线度误差评定分析模型

评定深孔零件质量的好坏有许多参数，深孔直线度误差的测量是其中重要的组成部分。关于直线度误差的评定，国家标准中介绍了几种直线度误差评定的算法，最小二乘法、两端连线法、最小包容区域法等。近些年许多科研人员又提出了许多新的算法，如遗传算法、粒子群算法、变步长天牛须法等。

在深孔直线度误差评定过程中，依靠光斑坐标检测系统得到拟合的实际轴线模型后，才能够对直线度数值进行分析计算。如图 9-26 所示，用一个空间内的圆柱面将测量得到的实际轴线模型包围，并且寻找出最小的圆柱面，这个圆柱面的直径便是所求的直线度误差值 f。

质心是质量中心的简称，是物理学中质量集于某处的一个假想点，质点系质心的本质为质点系质量分布的平均位置。质点系的质心仅与各质点的质量大小和分布的相对位置有关，下面将质心的计算引入空间直线度评定计算中。

将测量得到的数据在坐标系 $O(xyz)$ 内建立数学模型，该数学模型为一个离散

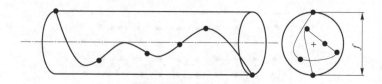

图 9-26 直线度误差模型

点集合 $P_i(x_i,y_i,z_i)$，$i=(1,2,3,\cdots,n)$。将数学模型中的每一个离散点看作质点，赋予所有质点相同的质量，将数学模型中的质点系在 $n/2$ 处分为两组数据，并利用质心求解方程求得两组质点系的质心坐标 $A(x_a,y_a,z_a)$ 与 $B(x_b,y_b,z_b)$。连接两质心做一条直线作为投影线，并以投影线方向向量建立直角坐标系 $O(x'y'z')$。将离散点沿着投影线方向投影至垂直于投影线且过原点 O 的平面内，进行坐标变换，得到平面的离散点的坐标。利用平面内点集的最小圆覆盖法求解包容点集的最小圆直径，投影平面内包容点集的最小圆直径即为被测量零件的空间直线度误差。两质心连线法基本原理图与算法流程图如图 9-27 与 9-28 所示。

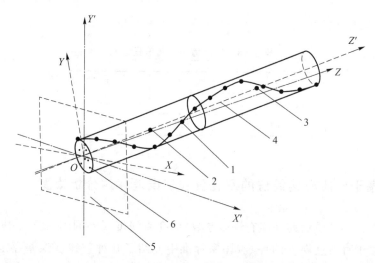

图 9-27 两质心连线法示意图

求解方法如下：

根据测量得到的数据，在坐标系 $O(xyz)$ 内建立数学模型，N 个离散点组成了离散点集 P，将各个离散点视为质量为 m 的质点。用 $\mathbf{r}_1,\mathbf{r}_2,\mathbf{r}_3,\cdots,\mathbf{r}_n$ 分别表示质点系中各质点相对于原点 O 的矢径，用 $\mathbf{r}_\sigma$ 表示质心的矢径，则有

$$\mathbf{r}_\sigma = \frac{\sum_i^n m_i \mathbf{r}_i}{M} \tag{9-5}$$

式中

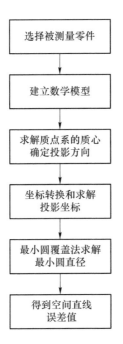

图 9 - 28　算法流程图

$$M = \sum_i^n m_i \qquad\qquad (9-6)$$

将式(9-5)和式(9-6)化为 x,y,z 分量模式,可得到质点系的质心坐标为

$$x_\sigma = \frac{\sum\limits_i m_i x_i}{M} \qquad\qquad (9-7)$$

$$y_\sigma = \frac{\sum\limits_i m_i y_i}{M} \qquad\qquad (9-8)$$

$$z_\sigma = \frac{\sum\limits_i m_i z_i}{M} \qquad\qquad (9-9)$$

空间直线度误差仅与各离散点的分布位置有关,在假设的质点系中,各个质点的质量均为 1,质心坐标的表达式为

$$x_\sigma = \sum_i x_i \qquad\qquad (9-10)$$

$$y_\sigma = \sum_i y_i \qquad\qquad (9-11)$$

将数学模型中的质点系在 $n/2$ 处分为两组数据,并利用质心坐标方程求得两组质点系的质心坐标 $A(x_a,y_a,z_a)$ 与 $B(x_b,y_b,z_b)$,即

$$x_a = \sum_1^{\frac{n}{2}} x_i \qquad\qquad (9-12)$$

$$y_a = \sum_1^{\frac{n}{2}} y_i \qquad (9-13)$$

$$z_a = \sum_1^{\frac{n}{2}} z_i 3 \qquad (9-14)$$

$$x_b = \sum_{(\frac{n}{2})+1}^{n} x_i \qquad (9-15)$$

$$y_b = \sum_{(\frac{n}{2})+1}^{n} y_i \qquad (9-16)$$

$$z_b = \sum_{(\frac{n}{2})+1}^{n} z_i \qquad (9-17)$$

连接两质心做一条直线作为投影线,利用两点式做出空间投影线方程,即

$$\frac{x-x_a}{x_b-x_a} = \frac{y-y_a}{y_b-y_a} = \frac{z-z_a}{z_b-z_a} \qquad (9-18)$$

投影方向的向量为

$$\vec{n} = \boldsymbol{i}', \boldsymbol{j}', \boldsymbol{k}' \qquad (9-19)$$

其中

$$\begin{cases} \boldsymbol{i}' = x_b - x_a \\ \boldsymbol{j}' = y_b - y_a \\ \boldsymbol{k}' = z_b - z_a \end{cases} \qquad (9-20)$$

将 $\vec{n} = \boldsymbol{i}', \boldsymbol{j}', \boldsymbol{k}'$ 单位化,即

$$\begin{cases} \boldsymbol{i}' = \dfrac{x_b - x_a}{\sqrt{(x_b-x_a)^2 + (y_b-y_a)^2 + (z_b-z_a)^2}} \\[4mm] \boldsymbol{j}' = \dfrac{y_b - y_a}{\sqrt{(x_b-x_a)^2 + (y_b-y_a)^2 + (z_b-z_a)^2}} \\[4mm] \boldsymbol{k}' = \dfrac{z_b - z_a}{\sqrt{(x_b-x_a)^2 + (y_b-y_a)^2 + (z_b-z_a)^2}} \end{cases} \qquad (9-21)$$

利用 $\vec{n}$ 求解出与其垂直且相互垂直的两个向量 $\vec{m}$,$\vec{l}$,建立空间直角坐标系 $O(x'y'z')$,坐标向量为 $\vec{n}$,$\vec{m}$,$\vec{l}$,原坐标系 $O(xyz)$ 的坐标向量为 i,j,k,其中 $i=1,j=1,k=1$。将坐标系 $O(x'y'z')$ 看作为坐标系 $O(xyz)$ 旋转得到,对离散点坐标进行坐标转换与投影。

坐标转换需要用到坐标向量间的夹角,参数如表 9-9 所列。

表 9 - 9　新旧坐标系坐标向量间的夹角

坐标向量	x 轴	y 轴	z 轴
x'	α_1	β_1	γ_1
y'	α_2	β_2	γ_2
z'	α_3	β_3	γ_3

因为 i'，j'，k' 均为单位向量，可以知道单位向量的坐标即为其三个方向的余弦值。由表 9 - 9 可知

$$\begin{cases} i'=i\cos \alpha_1+j\cos \beta_1+k\cos \gamma_1=(\cos \alpha_1,\cos \beta_1,\cos \gamma_1) \\ j'=i\cos \alpha_2+j\cos \beta_2+k\cos \gamma_2=(\cos \alpha_2,\cos \beta_2,\cos \gamma_2) \\ k'=i\cos \alpha_3+j\cos \beta_2+k\cos \gamma_3=(\cos \alpha_3,\cos \beta_3,\cos \gamma_3) \end{cases} \quad (9-22)$$

由式(9-22)可得到离散点转换至坐标系 $O(x'y'z')$ 的坐标为

$$\begin{cases} x'=x\cos \alpha_1+y\cos \beta_1+z\cos \gamma_1 \\ y'=x\cos \alpha_2+y\cos \beta_2+z\cos \gamma_2 \\ z'=x\cos \alpha_3+y\cos \beta_3+z\cos \gamma_3 \end{cases} \quad (9-23)$$

变换后的坐标值仍为空间坐标。此处将 z' 坐标去掉，沿 z' 轴将离散点投影至 $x'y'$ 平面，得到投影后的离散点坐标 (x',y')。至此，空间直线度误差分析问题转换为平面内点集的最小圆覆盖问题。通过最小圆覆盖法求解包容投影面内离散点的最小圆直径即可得到空间直线度误差值。

本小节首先阐述了深孔直线度误差评定的各种方法及对应装置。其次，提出了基于半导体激光器的深孔直线度检测方法与装置，并对装置中激光光斑坐标检测系统的设计、硬件测试及整体坐标检测精度测试进行了详细介绍。实验结果显示所设计的激光光斑坐标检测系统 X 方向平均检测误差为 0.017 mm，Y 方向平均检测误差为 0.024 mm，满足设计需求。最后，提出了基于两质心连线法的深孔直线度误差评定方法，将直线度问题转换为最小圆覆盖问题。

9.4　基于激光谐波调制的深孔内壁三维面型分析系统

深孔零件内壁检测方法通常包括：接触点测法、涡流法、超声成像法、激光扫描法等。接触法精度高，可实现高精度空间点位置分析，但需要接触测量检测，容易造成结构损伤，同时，接触法在深孔孔径较小时无法测量；涡流法可以实现快速非接触测量，但对深孔深度大的结构体而言，其精度低，易受干扰，且该种方法仅适用于电导体；超声成像法可以获取较完整的面型分布信息，但是其精度较低。激光扫描法精度高且可获取三维面型分布数据，但传统方法速度慢，并且对于深度大且孔径小

的深孔无法探测。

综上所述,在非接触测量与保证高精度的前提下,对激光扫描的测量方法进行改进是较为理想的设计。故国内外很多研究团队将激光扫描、结构光检测、多图像拼接等技术应用于深孔内壁测试,YOKOTA 等人利用全息技术获取了深孔零件的内壁信息,速度快、精度高,但对测试结构内壁的平滑程度有一定要求,即主要适用于具有较高反光性能的内壁结构,测试精度可达 0.038 7 mm,但由于全息技术对光学条件的要求比较苛刻,只能适用于精密表面结构。Almaraz 等人通过条纹投影技术获取不同相位的数据,再通过数据融合实现对孔径内壁的三维重构,相比点扫描式系统,其测试速度大幅提升,绝对误差为 0.78 mm,但由于其系统结构较大只能应用于大孔径深孔结构。王颖等人通过机器视觉设计了多角度图像融合算法,实现了圆柱结构管道内壁面型结构测量。丁超等人采用线激光器配合 CCD 获得了深孔凹槽结构的三维信息,合理的角度分布得到了更高的测量精度。张振友等人采用数字式图像分析系统完成了高炮炮管内壁裂纹的定量分析。

在此基础上,本章设计了一种可深入深孔内部的激光扫描结构,并提出采用谐波计算的方式抑制信号混叠。该系统通过线扫描提高检测速度,通过谐波计算降低内壁干扰,并且由于其探测结构的伸缩性,可以适用于深度大、孔径小的深孔结构。

9.4.1　系统设计

由于系统需要应用于深孔结构探测,故传统的激光扫描无法照射,本系统硬件上采用单振镜与 45°反射镜联用的形式实现对深孔内壁加工质量的测量与分析。由于探头段仅固定反射镜,故其结构可以做得比较小巧,从而适用于小孔径深孔结构。同时,由于反射镜固定,故近轴条件有限,扫描振镜范围即使偏大也会由于反射镜位置固定,而导致仅有近轴光线可以成像,算法上通过谐波测距的方式抑制混叠信号的干扰。系统总体设计结构如图 9-29 所示。

如图 9-29 所示,处理系统通过调制模块控制激光器产生谐波信号,激光经过半透半反振镜入射至深孔内的 45°反射镜上,同时,处理模块还通过伺服电机控制振镜扫描,扫描方向与深孔内反射镜的深度方向一致。与振镜配合的反射镜是可以根据深孔深度进行伸缩调节的,为了保证测量精度,令反射镜中心位置经过激光器光轴,所以采用工装台进行固定。激光从光源发射后在反射镜位置发生反射,反射光照射在需要测试的深孔内壁位置上,内壁上的反射光会沿反射镜照射到振镜上,由于振镜右侧有反射镀膜,所以会将反射信号照射在柱面镜上,最终成像于 CCD。CCD1 和 CCD2 分别通过柱面镜完成对近轴位置光信号的汇聚,从而得到能量集中的内表面反射信号。CCD 通过采集模块将数据发送给处理模块,同时,经解调模块计算回波的距离信息量,从而为消除内壁多次折射的噪声信号提供距离信息分量。最终,处理系统根据三维重建算法完成对深孔内壁三维面型的分析。

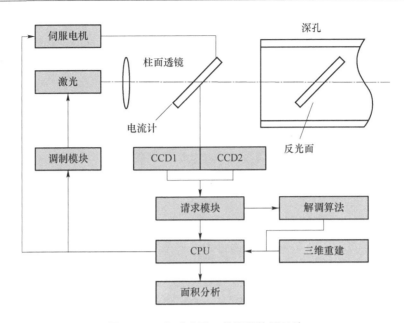

图 9 - 29　深孔内壁三维面型检测系统

9.4.2　理论分析

激光照射到深孔内壁后,由于内壁不是平面,故反射光变成了受内壁曲率及反射率影响的漫反射光,但可以看出,只有和入射光角度相近的角度范围才能直接通过反射镜反射至振镜,从而被 CCD1 和 CCD2 采集得到,而角度超过该阈值时必然会在管内形成多次漫反射,即使能够最终达到振镜面,其达到时间也明显慢于测试位置的光信号,所以采用谐波调制的方式可以通过回波信号相位信息将不在时间窗函数中的数据剔除,从而提升检测信噪比。

设 CCD1 的坐标系为 $O_1(x_1,y_1,z_1)$,CCD2 的坐标系为 $O_2(x_2,y_2,z_2)$,与之对应的像面可表示为 $O_{L1}(x_{L1},y_{L1})$ 和 $O_{L2}(x_{L2},y_{L2})$。则深孔内壁上测试区域中任意点 P(x_P,y_P,z_P)可以通过两个 CCD 的测试数据进行联合求解,即

$$\begin{bmatrix} x_1 \\ y_1 \\ z_1 \\ 1 \end{bmatrix} = \begin{bmatrix} r_{11} & r_{12} & r_{13} & t_1 \\ r_{21} & r_{22} & r_{23} & t_2 \\ r_{31} & r_{32} & r_{33} & t_3 \\ 0 & 0 & 0 & 1 \end{bmatrix} \begin{bmatrix} x_2 \\ y_2 \\ z_2 \\ 1 \end{bmatrix} \qquad (9-24)$$

$$\boldsymbol{R} = \begin{bmatrix} r_{11} & r_{12} & r_{13} \\ r_{21} & r_{22} & r_{23} \\ r_{31} & r_{32} & r_{33} \end{bmatrix}, \quad \boldsymbol{T} = \begin{bmatrix} t_1 \\ t_2 \\ t_3 \end{bmatrix} \qquad (9-25)$$

式中,$\boldsymbol{R}$ 为两个 CCD 的旋转矩阵,$\boldsymbol{T}$ 为两个 CCD 的平移矩阵。在 $\boldsymbol{R}$ 和 $\boldsymbol{T}$ 中,参数

$r_{11} \sim r_{33}$ 和 t_1、t_2、t_3 是根据两个 CCD 的预设位置和两个 CCD 空间坐标系的关系得到的。由此可见,将 CCD1 中的数据统一到 CCD2 中后,就能将目标位置的点数据进行解算。对于待测点 P 而言,对于 CCD1 可表示为

$$
\begin{bmatrix} x_1 \\ y_1 \\ 1 \end{bmatrix} = \begin{bmatrix} c_1 & 0 & 0 & 0 \\ 0 & c_1 & 0 & 0 \\ 0 & 0 & 1 & 0 \end{bmatrix} \begin{bmatrix} x_P \\ y_P \\ z_P \\ 1 \end{bmatrix} \tag{9-26}
$$

CCD2 可表示为

$$
\begin{bmatrix} x_2 \\ y_2 \\ 1 \end{bmatrix} = \begin{bmatrix} c_2 & 0 & 0 & 0 \\ 0 & c_2 & 0 & 0 \\ 0 & 0 & 1 & 0 \end{bmatrix} \begin{bmatrix} x_P \\ y_P \\ z_P \\ 1 \end{bmatrix} \tag{9-27}
$$

式中,c_1 和 c_2 表示坐标转换系数。

将式(9-24)代入式(9-26)和式(9-27)可以得到 P 点的坐标表达式为

$$
\begin{cases} X_P \mid_1 = \dfrac{x_1}{c_1} Z_P \\[2mm] Y_P \mid_1 = \dfrac{y_1}{c_1} Z_P \\[2mm] Z_P \mid_1 = \dfrac{c_1 (c_2 t_1 - x_2 t_3)}{x_2 k_1 - c_2 k_2} \end{cases} \tag{9-28}
$$

其中,c_1 和 c_2 表示坐标转换系数,k_1 和 k_2 为解算系数,则

$$
\begin{cases} k_1 = r_{31} x_1 + r_{32} y_1 + c_1 r_{33} \\ k_2 = r_{11} x_1 + r_{12} y_1 + c_1 r_{13} \end{cases} \tag{9-29}
$$

由于测试深孔内壁前,系统可以通过标定获取旋转矩阵和平移矩阵的参数值,故 P 点的坐标值变成通过两组已知测量量求解一组未知量的计算。

9.4.3 谐波匹配点云优化算法设计

采用柱面镜获取线激光,从而对深孔内壁进行线扫描可以大幅提升系统采集速度,相比于传统单点采集成像具有更广泛的应用前景。但其面临的问题也是很明显的,深孔不同位置都会对激光束产生漫反射回波,这些激光叠加在一起后难以被分离,从而造成测试点计算误差大和出现虚假点的问题。由此,本节提出了一种谐波匹配的点云优化算法,核心思想是先对光源进行谐波调制,从而使入射激光随相位变化而具有预设的调制强度,故只有在相位差相近的区域其才能与光源的相位值匹配,达到对回波信号滤波的效果。该滤波相当于为测试区域提供了一个关于距离信息的时间窗函数 T,该时间窗的最小值 $T_{\min}$ 和最大值 $T_{\max}$ 分别对应着近轴条件下谐波

186

函数调制范围中的最小值和最大值,即沿深孔孔轴方向符合近轴扫描的两个极限位置。该函数可以将符合近轴条件的成像点提取,并根据孔深 D、孔径 R 及 CCD 间距 L 完成二维坐标 (x,y) 到三维目标点 (x,y,z) 的映射计算。当遍历所有点后就能获取优化后的三维重建图像。

算法实现步骤如下:

① 根据孔深 D 和孔径 R 设置谐波参数 T,计算符合线激光扫描近轴条件的区域,并将该区域的像面调整至 CCD1 和 CCD2 的感光面位置;

② 依据近轴光范围计算时间窗阈值 $T_{\min}$ 和 $T_{\max}$,并将其导入数据存储单元;

③ 将所有 CCD1 和 CCD2 的测试数据导入数据存储单元;

④ 通过时间阈值窗函数对所有数据点进行判断,剔除不符合时间窗的数据点,将符合的数据点重新整理形成有效二维数据集合;

⑤ 采用三维重建算法完成 $(x,y) \sim (x,y,z)$ 的解算,实现三维目标成像。

整体过程的程序流程如图 9-30 所示。

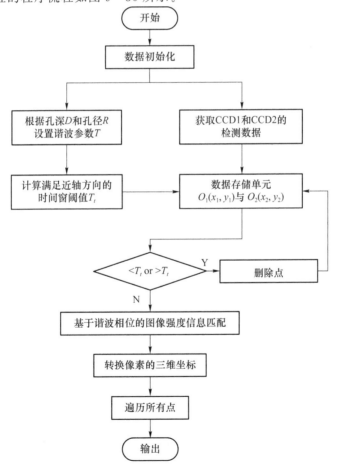

图 9-30 谐波匹配点云优化算法程序流程图

9.4.4 实验测试

1. 点云优化效果实验

为了对比不同深孔的光学检测效果,分别选用了三种深孔类型:①孔深 5 cm,孔径 5 cm;②孔深 15 cm,孔径 9 cm;③孔深 50 cm,孔径 15 cm。通过本系统获取孔内壁点云信息,然后将重建的内壁三维面型与理想深孔数模点云位置进行对比,分析深孔加工偏差程度。

插入深孔的反射镜直径为 4 cm,对光轴近轴范围的线激光反射并成像于两个固定位置 CCD 上,振镜扫描速度为 10 次/秒,采集得到的点云通过 MATLAB 进行滤波。滤波函数与谐波信号匹配,对光程不符合测试范围的测试点进行剔除,然后对剩余有效点云进行三维重建,一个谐振调制周期的重建结果如图 9 - 31 所示。

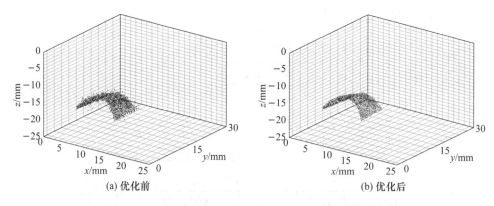

(a) 优化前　　　　　　　　　　　　　(b) 优化后

图 9 - 31　点云分布对比图

由图 9 - 31 可以看出,在采用谐波匹配点云优化算法前,点云总量大,但有很多点的位置偏差明显较大,分析认为这些点很多是由于在深孔内壁进行一次或多次反射叠加产生的,所以已经无法反映真实的深孔内壁位置信息。而通过与谐波频率匹配的闸门信号对 CCD 采集信号进行滤波,就能将非一次反射的回波信号屏蔽,从而仅获取扫描线激光近轴条件的回波信号。平均偏差从 0.53 mm 降低至 0.12 mm。可见,采用优化算法对于提升深孔内壁点云获取速度和抑制杂散点具有很好的效果。

2. 位置偏差分析

为了验证该系统计算的内壁点坐标位置精确程度,采用切割机将深孔从中间切开,从而获得一个内半圆柱表面。若该表面测试结果符合设计要求,则可认为在反射镜测试区域对称的深孔中,三维面型的获取是一致的。采用 Handyscan 对相同测试区域的内壁面进行扫描,然后对比两组数据之间的位置偏差,从而分析系统的位置计算精度。位置偏差如图 9 - 32 所示。

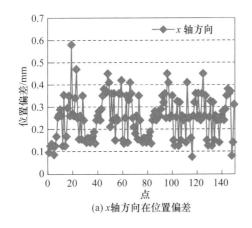

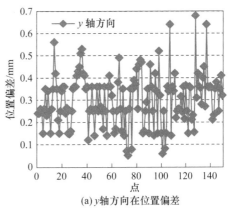

(a) x 轴方向在位置偏差　　　　　　　　(a) y 轴方向在位置偏差

图 9 - 32　不同方向上位置偏差对比

由图 9 - 32 可以看出,系统计算得到在 x 轴和 y 轴上的点位置与 Handyscan 的测试数据相近。x 轴上绝大多数测试点位置偏差在 0.1 mm 与 0.4 mm 之间,均值为 0.240 mm;y 轴上绝大多数测试点位置偏差在 0.1 mm 与 0.4 mm 之间,均值为 0.228 mm。其截面距离关系有:

$$d = \sqrt{x^2 + y^2} \tag{9-30}$$

故两个方向上的综合测试精度均值为 0.234 mm,总体上看,系统对深孔内壁三维面型检测的精度优于通用的内壁面型检测方法。

3. 收敛速度分析

通过对比相同范围深孔内壁的三维面型数据获取时间,分析讨论了算法优化前后的用时,并对 5 cm×5 cm 范围的三维重建进行分析,以在固定范围内递增采样点数的方式对比算法的收敛速度,测试结果如图 9 - 33 所示。

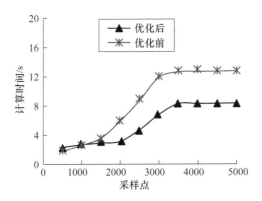

图 9 - 33　不同采样点数下的运算耗时

根据不同采样点数对应的计算时间可以看出,当总采样点数较小的时候,优化前后的差异不大,基本都是在 2.4 s 左右完成三维点云数据的重建。但是当固定测试区域中的采样点逐渐增加时,优化算法的效果就逐渐明显了,当采样点超过 2 000 个时,两种算法的用时曲线发生分离,当达到 3 500 点左右时,优化前算法基本保持在 12.4 s,而优化后仅为 7.9 s。由于测试限定范围区间,故采样点数设定在 5 000 个以下,由此可以看出采用谐波匹配滤波算法进行优化可以有效降低系统的运算时间成本。

本节设计了一种基于激光谐波调制的深孔内壁三维面型检测系统。该系统通过深入孔内的反射镜实现深孔内壁任意位置的点云采集,通过谐波相位匹配算法实现杂散信号的抑制。实验结果显示,优化后点云总量降低、位置检测精度提高并且收敛用时减少,相比 Handyscan 设备的测试结果而言,该系统的测试偏差符合设计要求,在深孔内壁三维面型检测领域具有很好的应用前景。

9.5 小 结

本章主要介绍了激光在深孔直线度误差评定及深孔内壁形貌特征检测方面的应用。在深孔直线度误差评定方面,首先介绍了各类深孔直线度误差检测方法及其对应的检测装置;其次建立了基于两质心连线法的深孔直线度误差分析模型,开发了激光光斑检测系统;最后以分析模型和检测系统为基础形成了基于半导体激光器的深孔直线度误差检测方法。在深孔内壁形貌特征检测方面,首先采用单振镜与45°反射镜联用的结构形式实现了对小孔径深孔内壁形貌的测量,其次通过理论分析,提出了一种谐波匹配的点云优化算法,实现了对回波信号的滤波。最后经过点云优化效果实验、位置偏差分析、收敛速度分析得出本深孔内壁三维面型检测系统相比 Handyscan 设备位置检测精度有所提高且收敛用时减少,并且减少了深孔内壁干扰,实现了深度大、孔径小的预期设计要求。

参 考 文 献

[1] 许先孟. 高速精密微小深孔数控双面钻床设计及相关技术研究[D]. 广州：广东工业大学，2013.

[2] Traore M M, 裴永臣, 李晶, 等. 高速微孔钻床主轴系统的动态特性分析[J]. 机械设计与研究，2005，(06)：93-97.

[3] 段文强, 王恪典, 董霞, 等. 激光旋切法加工高质量微小孔工艺与理论研究[J]. 西安交通大学学报，2015，49(03)：95-103＋112.

[4] 曹婷婷. K24 高温合金飞秒激光孔加工技术研究[D]. 哈尔滨：哈尔滨工业大学，2016.

[5] 曹明让, 杨胜强, 李文辉, 等. 分散剂在电火花小孔加工中的作用机理及试验研究[J]. 中国机械工程，2010，21(09)：1022-1024＋1039.

[6] 顾丰. 电火花微小孔加工工艺参数优化及建模的研究[D]. 大连：大连理工大学，2006.

[7] 陈远军. 基于流场分析的螺旋电极电解加工孔的研究[D]. 成都：西华大学，2015.

[8] Kirsanov S V, Babaev A S. Surface precision and roughness of deep holes produced by small-diametter gun drills[J]. Russian Engineering Research，2015，35(4)：256-259.

[9] 米曾榜. 小孔加工[M]. 北京：机械工业出版社，1988.

[10] Yang Z J, Li W, Chena Y H. Study for increasing miero-drill reliability by vibrating drilling[J]. Reliability Egnineering and System Safety，1998(61)：229-233.

[11] 周毅. 满足欧Ⅲ以上排放喷油嘴的喷孔加工技术研究[D]. 上海：上海交通大学，2009.

[12] 田大洋, 黄魏迪, 李治龙, 等. 加工因素对喷油嘴喷孔几何特征的影响研究[J]. 汽车工程，2013，35(11)：1043-1046.

[13] 周万勇,邹方,薛贵军,等. 飞机翼面类部件柔性装配五坐标自动制孔设备的研制[J]. 航空制造技术,2010,(02):44-46.

[14] 王峻. 现代深孔加工技术[M]. 哈尔滨:哈尔滨工业大学出版社,2005.

[15] 王贵成,洪泉,朱云明,等. 精密加工中表面完整性的综合评价[J]. 兵工学报, 2005,26(6):820-824.

[16] Dai G L,Suh J D,Kim H S,et al. Design and manufacture of composite high speed machine tool structures[J]. Composites Science and Technology, 2004,64(10):1523-1530.

[17] 刘战强,万熠,艾兴. 高速铣削过程中表面粗糙度变化规律的试验研究[J]. 现代制造工程. 2002(3):8-10.

[18] 王贵成,洪泉,朱云明,等. 精密加工中表面完整性的综合评价[J]. 兵工学报, 2005,26(6):820-824.

[19] Pawade R S,Joshi S S,Bramankar P K. Effect of machining parameters and cutting edge geometry on surface integrity of high-speed turned Inconel 718 [J]. International Journal of Machine Tools & Manufacture,2008,48:15-28.

[20] 王世清. 深孔加工技术[M]. 西安:西北工业大学出版社,2003.

[21] 张少文,李亮,何宁,等. 高速钢麻花钻的磨损试验研究[J]. 工具技术,2011, 45(10):16-19.

[22] Lin T R,Shyu R F. Improvement of tool life and exit burr using variable feeds when drilling stainless steel with coated drills[J]. International Journal of Advanced Manufacturing Technology,2000,16(5):308-313.

[23] 伍强,徐兰英,毛勇. 小孔导电加热钻削钻头后刀面磨损及孔表面质量研究 [J]. 机床与液压,2014,42(15):81-84.

[24] 贾晓鸣,李秋玥,张好强. 小直径麻花钻的钻削仿真与实验研究[J]. 机械设计与制造,2015,(02):139-142+145.

[25] Heinemann R,Hinduja S,Barrow G,et al. Effect of MQL on the tool life of small twist drills in deep-hole drilling[J]. International Journal of Machine Tools & Manufacture,2006,46(1):1-6.

[26] 蒋超猛,张弓,王映品,等. 深孔加工技术的研究综述及发展趋势[J]. 机床与液压,2015,43(11):173-177.

[27] Zabel A,Heilmann M. Deep hole drilling using tools with small diameters-process analysis and process design[J]. CIRP Annals-Manufacturing Tech-

nology,2012,61(1):111-114.

[28] 王慧霖,张平宽. 孔加工中负压排屑、断屑的分析[J]. 工具技术,1999,02: 14-16.

[29] Mihail L A. Robust engineering of deep hole process by surface state optimization[J]. Procedia CIRP,2013,8(1):582-587.

[30] Endres W J,Devor R E,Kapoor S G. A dual-mechanism approach to the prediction of machining forces,part 1:model development[J]. Journal of Engineering for Industry,1995,117(4):526-533.

[31] Ahn T Y,Eman K F,Wu S M. Cutting dynamics identification by dynamic data system(DDS)modeling approach[J]. Journal of Engineering for Industry,1985,107(2):91-94.

[32] Merchant M E. Basic mechanics of the metal cutting process[J]. Journal of Applied Mechanics-Transactions of the ASME,1994(66):168.

[33] Armarego E J A,Cheng C Y. Drilling with flat rake face and conventional twist drills—I. Theoretical investigation[J]. International Journal of Machine Tool Design & Research,1972,12(1):17-35.

[34] Elhachimi M,Torbaty S,Joyot P. Mechanical modelling of high speed drilling. 1:predicting torque and thrust[J]. International Journal of Machine Tools & Manufacture,1999,39(4):553-568.

[35] Elhachimi M,Torbaty S,Joyot P. Mechanical modelling of high speed drilling. 2:predicted and experimental results[J]. International Journal of Machine Tools & Manufacture,1999,39(4):569-581.

[36] Singh I,Bhatnagar N. Drilling-induced damage inuni-directional glass fiber reinforced plastic(UD-GFRP)composite laminates[J]. International Journal of Advanced Manufacturing Technology,2006,27(9-10):877-882.

[37] Singh I,Bhatnagar N. Drilling ofuni-directional glass fiber reinforced plastic(UD-GFRP)composite laminates[J]. International Journal of Advanced Manufacturing Technology,2006,27(9-10):870-876.

[38] 王树华.高性能枪钻钻杆研究[D].秦皇岛:燕山大学,2011.

[39] 李华.钻头球齿有限元法受力分析研究[D].长春:吉林大学,2001.

[40] 白万民,贾培刚,白震平.深孔钻削时的力学特性分析[J].新技术新工艺,2000 (6):19-21.

[41] 董丽华,刘大昕.钻削力模型的建立及仿真[J].机械工程师,2003(7):27-30.

[42] 陈淑琴.精密枪钻深孔加工质量的数值解析及试验研究[D].太原:中北大学,2018.

[43] 胡仲勋,蔡逸玲,温松明,等.群钻钻削力研究(Ⅳ)——群钻钻削力预测模型[J].湖南大学学报,1996,23(2):74-83.

[44] 廖科伟,李耀明,张煌,等.枪钻几何结构参数对钻削力的影响规律[J].科学技术与工程,2018,18(19):38-42.

[45] 胡思节,温松明,蔡逸玲,等.群钻钻削力研究(Ⅲ)——群钻钻削能的理论计算[J].湖南大学学报,1995,22(6):70-74.

[46] 朱方来,叶仲新,陈育荣,等.钻削力数学模型[J].湖北汽车工业学院学报,1997,2(19):13-17.

[47] 程金石,郑文,张伟.平面型后刀面枪钻钻尖的几何设计[J].大连轻工业学院学报,2002,21(4):272-275.

[48] 廖科伟,李耀明,张煌,等.TG4钛合金深孔枪钻钻削仿真及试验研究[J].工具技术,2019,53(02):56-60.

[49] Deng C S, Chin J H. Hole roundness in deep-hole drilling asanalysed by Taguchi methods[J]. International Journal of Advanced Manufacturing Technology,2005,25(5-6):420-426.

[50] Bayly P V, Lamar M T, Calvert S G. Low-frequency regenerative vibration and the formation of lobed holes in drilling[J]. Journal of Manufacturing Science & Engineering,2002,124(2):163-171.

[51] Chin D H, Yoon M C, Sim S B. Roundness modeling in BTA deep hole drilling[J]. Precision Engineering,2005,29(2):176-188.

[52] 孔令飞,牛晗,侯晓丽,等.错齿内排屑刀具深孔加工中的刀具振动特性对孔圆度形貌的作用机制[J].兵工学报,2016,37(6):1066-1074.

[53] 梁浩文.枪钻钻速对加工孔质量影响的试验研究[J].模具工业,2015,41(8):56-59.

[54] 刘国光.基于MATLAB评定圆柱度误差[J].工程设计学报,2005,12(4):236-239.

[55] 陈淑琴,白培康.基于质量偏心的枪钻圆度误差数值仿真分析[J].中北大学学报(自然科学版),2018,39(04):415-419.

[56] 申浩,李耀明,任丽娟,等.基于田口法与响应曲面法的枪钻深孔加工圆度误

差分析[J]. 工具技术,2018,52(11):107-109.

[57] Longanbach D M. Real-time measurement for an internal grinding system [J]. Optical Engineering,1997,39(8):2114-2118.

[58] 申浩,李耀明,张煌,等. 基于三导向条结构的枪钻深孔加工动力学分析及圆度误差优化[J]. 科学技术与工程. 2019,19(13):65-70.

[59] Gao W,Kiyono S,Sugawara T. High-accuracy roundness measurement by a new error separation method[J]. Precision Engineering, 1997, 21 (2): 123-133.

[60] Bayly P V,Young K A,Calvert S G,et al. Analysis of tool oscillation and hole roundness error in a quasi-static model of reaming[J]. Journal of Manufacturing Science & Engineering,2001,123(3):387-396.

[61] Sakuma K,Taguchi K,Katsuki A. Study on deep-hole-drilling with solid-boring tool:the burnishing action of guide pads and their influence on hole accuracies[J]. Bulletin of Jsme,2008,23:1921-1928.

[62] Sang B K,Robert D P,Jason S D,et al. Study on deep-hole boring by BTA system solid boring tool:behavior of tool and its effects on profile of machined hole[J]. Journal of the Japan Society for Precision Engineering,1978, 44(1 Supplement):1111-1116.

[63] Gessesse Y B,Latinovic V N,Osman M O M. On the problem of spiralling in BTA deep-hole machining[J]. Journal of Engineering for Industry,1994, 116(2).

[64] Chin J H,Lin S A. Dynamic modelling and analysis of deep-hole drilling process[J]. International Journal of Modelling & Simulation, 1996, 16: 157-165.

[65] Chandrashekhar S,Sankar T S,Osman M O M. A stochastic characterization of the machine tool workpiece system in BTA deep hole machining part Ⅱ: response analysis and evaluation of the tool tip motion[J]. Advanced Manufacturing Processes,2007,2(1):71-104.

[66] Chin J H,Wu J S,Young R S. The computer simulation and experimental analysis of chip monitoring for deep hole drilling[J]. Journal of Engineering for Industry,1993,115(2):184-192.

［67］ Chin J H,Wu J S. Mathematical models and experiments for chip signals of single-edge deep hole drilling［J］. International Journal of Machine Tools & Manufacture,1993,33(3):507-519.

［68］ Deng C S,Huang J C,Chin J H. Effects of support misalignments in deep-hole drill shafts on hole straightness［J］. International Journal of Machine Tools & Manufacture,2001,41(8):1165-1188.

［69］ Damir M N H. Approximate harmonic models for roundness profiles［J］. Wear,1979,57(2):217-225.

［70］ Biermann D,Kersting M,Kessler N. Process adapted structure optimization of deep hole drilling Tools［J］. CIRP Annals - Manufacturing Technology,2009,58(1):89-92.

［71］ 孔令飞,李言,郑建明,等. 基于剪力模式的深孔钻杆制振器设计与试验研究［J］. 机械工程学报,2014,50(5):201-207.

［72］ 陈继忠. 新型小尺寸零件直线度测量仪的研究［D］. 成都:四川大学,2001.

［73］ Insperger T,Stépán G,Bayly P V,et al. Multiple chatter frequencies in milling processes［J］. Journal of Sound & Vibration,2003,262(2):333-345.

［74］ Chandrashekhar S,Osman M O M,Saxkar T S. An analytical time domain e-valuation of the cutting forces in BTA deep hole machining using the thin shear plane model［J］. International Journal of Production Research,2012,22(4):697-721.

［75］ Ema S,Fujii H,Marui E. Whirling vibration in drilling part 3:vibration a-nalysis in drilling workpiece with a pilot hole［J］. Journal of Manufacturing Science & Engineering,1988,110(4).

［76］ Fujii H,Marui E,Ema S. Whirling vibration in drilling:1st report,cause of vibration and role of chisel edge［J］. Journal of Engineering for Industry,1986,108(3):898-906.

［77］ Richardson R,Bhatti R. A review of research into the role of guide pads in BTA deep-hole machining［J］. Journal of Materials Processing Tech,2001,110(1):61-69.

［78］ Deng C S,Huang J C,Chin J H. Effects of support misalignments in deep-hole drill shafts on hole straightness［J］. International Journal of Machine Tools & Manufacture,2001,41(8):1165-1188.

[79] Weinert K, Webber O, Peters C. On the influence of drilling depth dependent modal damping on chatter vibration in BTA deep hole drilling[J]. CIRP Annals-Manufacturing Technology, 2005, 54(1): 363-366.

[80] Raabe N, Webber O, Theis W, et al. Spiralling in BTA deep-hole drilling: models of varying frequencies, from data and information analysis to knowledge engineering[C]//Conference of the Gesellschaft Für Klassifikation E. v. University of Magdeburg, March. OAI, 2006: 510-517.

[81] Zhang W, He F, Xiong D. Gundrill life improvement for deep-hole drilling on manganese steel[J]. International Journal of Machine Tools & Manufacture, 2004, 44(2-3): 327-331.

[82] 白万民. 深孔钻削时孔中心线偏移的分析研究[J]. 西安工业大学学报, 1992 (4): 48-53.

[83] 高本河, 熊镇芹. 振动钻削技术综述[J]. 机械制造, 2001(1): 16-18.

[84] 熊镇芹. 深孔钻削孔轴线偏斜机理及纠偏方法研究[D]. 西安: 西安石油大学, 1999.

[85] Jawahir I S, Brinksmeier E, M'saoubi R, et al. Surface integrity in material removal processes: Recent advances[J]. CIRP Annals-Manufacturing Technology, 2011, 60(2): 603-626.

[86] Velduis S C, Dosbaeva G K, Elfizy A, et al. Investigations of white layer formation during machining of powder metallurgical Ni-based ME16 superalloy [J]. Journal of Materials Engineering and Performance, 2009, 19 (7): 1031-1036.

[87] Guo W M, Wu J T, Zhang F G, et al. Microstructure, properties andheatment process of powder metallurgy superalloy FGH95[J]. Journal of Iron and Steel Research International, 2006, 13(5): 65-68.

[88] Rao P, Shunmugam M S. Investigations into surface topography, microhardness and residual stress in boring trepanning association machining[J]. Wear, 1987, 119: 89-100.

[89] Zabel A, Heilmann M. Deep hole drilling using tools with small diameters—Process analysis and process design[J]. CIRP Annals-Manufacturing Technology, 2012, 61(1): 111-114.

[90] Bayly P V, Lamar M T, Calvert S G. Low-frequency regenerative vibration

and the formation of lobed holes in drilling[J]. Journal of Manufacturing Science and Engineering,2002,124(2):275-285.

[91] Rao R. Accuracy and surface finish in BTA drilling[J]. International Journal of Production Research,1987,25:31-44.

[92] Chern G L,Liang J M. Study on boring and drilling with vibration cutting [J]. International Journal of Machine Tools and Manufacture,2007,47:133-140.

[93] Mehrabadi I M,Nouri M,Madoliat R. Investigating chatter vibration in deep drilling,including process damping and the gyroscopic effect[J]. International Journal of Machine Tools and Manufacture,2009,49(12):939-946.

[94] Guo Y B,Liu C R. Mechanical properties of hardened AISI 52100 steel in hard maching processes[J]. Journal of Manufacturing Science & Engineering,2002(124):1-9.

[95] Sharman A R C,Amarasinghe A,Ridgway K. Tool life and surface integrity aspects when drilling and hole making in Inconel 718[J]. Journal of materials processing technology,2008,200(1):424-432.

[96] 曾维敏. 钻削过程切屑受力建模及有限元仿真研究[D]. 湘潭:湘潭大学,2015.

[97] 武鹏,张柱银,许宁,等. 枪钻切削变形对孔表面质量影响研究[J]. 工具技术,2017,51(10):58-61.

[98] 王依诺,关世玺,郭巨寿,等. 刀具对高精度孔表面质量的研究[J]. 煤矿机械,2015,36(11):82-84.

[99] 高本河,郑力,李志忠,等. 振动钻削改善孔壁粗糙度的因素分析[J]. 制造技术与机床,2002,9:49-52.

[100] 王玉梅. 深孔滚压工艺参数及复合滚压工具的研究[D]. 济南:山东大学,2008.

[101] 王立江,李自军,赵宏伟,等. 阶跃式变参数振动钻削新型叠层材料的实验研究[J]. 汽车技术,2000,2:22-25.

[102] 郑秀艳. 基于显微视觉的深孔微异型面粗糙度测量方法[D]. 大连:大连理工大学,2012.

[103] 陈丛桂. 小深孔振动钻削工艺参数分析与选用[J]. 机械研究与应用,2001,14(2):5-6.

[104] Deng C S,Chin J H. Roundness errors in BTA drilling and a model of wav-iness and lobing caused by resonant forced vibrations of its long drill shaft [J]. Journal of Manufacturing Science & Engineering,2004,126（3）：524-534.

[105] 房国志,杨超,赵洪.基于 FFT 和小波包变换的电力系统谐波检测方法[J].电力系统保护与控制,2012,40(5):75-79.

[106] 孟成. 45 号钢的概况及热处理方法[J]. 中国新技术新产品,2011(9):125-126.

[107] 王裕喆,孙盼盼.浅谈深孔加工刀具——枪钻[J].机械工业标准化与质量,2010,06:34-37.

[108] 田铖.基于响应面法的结构优化设计研究[D].上海:上海海洋大学,2016.

[109] 李言,孔令飞.振动切削深孔加工初始偏差对孔直线度误差的影响[J].机械工程学报,2012,48(13):167-173.

[110] 孟晓华.深孔直线度误差检测模型与方法的理论研究[D].太原:中北大学,2014.

[111] Ema S,Marui E. Theoretical analysis on chatter vibration in drilling and its Suppression[J]. Journal of Materials Processing Tech,2003,138(1-3):572-578.

[112] 丛春晓,刘恒,吕凯波,等.细长轴切削颤振的稳定性分析和实验研究[J].振动与冲击,2012,31(5):73-76.

[113] Chin J H,Sheu S D. Strengths and weaknesses of finite element modeling deep hole drilling as compared with beam and column equations[J]. Inter-national Journal of Advanced Manufacturing Technology,2007,32（3-4）：229-237.

[114] Katsuki A,Sakuma K,Tabuchi K,et al. The influence of tool geometry on axial hole deviation in deep drilling:comparison of single and multi edge tools:vibration,control engineering,engineering for industry[J]. American Mathematical Society,2008:1167-1174.

[115] Rao P K R,Shunmugam M S. Analysis of axial and transverse profiles of holes obtained in BTA machining[J]. International Journal of Machine Tools & Manufacture,1987,27(4):505-515.

[116] 方玮.基于 BTA 刀具系统的深孔加工直线度误差分析研究[D].太原:中北

大学,2016.

[117] Landers R G,Ulsoy A G. Chatter analysis of machining systems with non-linear force processes[J]. ASME,1996.

[118] 崔贵波,吴伏家,常兴. 深孔加工过程中实时检测的研究[J]. 机械工程师,2008(3):66-67.

[119] Tlusty J. Dynamics of high-speed milling[J]. Journal of Engineering for Industry,1986,108(2):59-67.

[120] 史涛,梁爱国,王涛,等. 抽油机销孔间隙引起振动原因及对策探析[J]. 钻采工艺,2015,38(04):4.

[121] 边境,施晓宽,赵廼剑. 新型风电增速箱齿圈销孔制造工艺研究[J]. 制造技术与机床,2015(06):3.

[122] 郝长中,孙德永. 基于磁致伸缩材料的活塞异形销孔加工微进给机构的研究[J]. 机械设计,2014,31(2):4.

[123] 浦鸿汀,将峰景. 磁流变液材料的研究进展和前景[J]. 化工进展,2005(2):132-136.

[124] 王鸿云,郑惠强,李泳鲜. 磁流变液的研究与应用[J]. 机械设计,2008(5):1-4.

[125] 李忠献,徐龙河. 新型磁流变阻尼器及半主动控制设计理论[M]. 北京:科学出版社,2012.

[126] 魏旭民. 基于磁流变效应的深孔切削颤振抑制技术研究[D]. 太原:中北大学,2016.

[127] 姚金光,晏华. 高性能磁流变液研究的进展[J]. 材料开发与应用,2009(4):62-66.

[128] 杨士清,王豪才. 磁流变液智能材料特性及器件研究[J]. 大自然探索,1998(3):75-78.

[129] 关新春,欧进萍,李金海. 磁流变液组分选择原则及其机理探讨[J]. 化学物理学报,2001,14(5):592-596.

[130] 付康康,李耀明,袁官. 基于磁流变液深孔钻削颤振抑制技术的研究[J]. 工具技术,2017(9),94-96.

[131] 李耀明,魏杰. 挤压油膜阻尼器对深孔加工直线度的影响[J]. 工具技术,2017,51(02):81-83.

[132] 柳舟通. 磁流变阻尼器的设计与研究[D]. 武汉:武汉理工大学,2002.

[133] 李耀明,段晓奎.液膜阻尼应用于深孔钻削颤振控制的理论研究[J].组合机床与自动化加工技术,2014,(04):57-59.

[134] 邱全水,苗鸿宾,沈兴全.深孔加工中再生型颤振的分析和仿真[J].组合机床与自动化加工技术,2015,(08):90-92.

[135] 张平,等.MATLAB基础与应用简明教程[M].北京:北京航空航天大学出版社,2005.

[136] 黄文梅.系统仿真分析与设计:MATLAB语方工程应用[M].长沙:国防科技大学出版社,2001.

[137] 李耀明,陈淑琴,张煌.基于激光谐波调制的深孔内壁三维面型分析系统[J].红外与激光工程,2022,51(03):21-24.

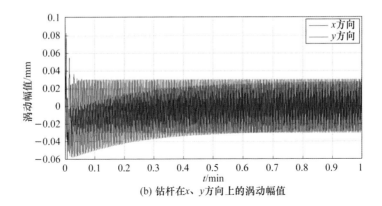

(b) 钻杆在 x、y 方向上的涡动幅值

图 3 - 7 进给量为 50 mm/min,转速为 1 200 r/min 时钻杆的涡动情况

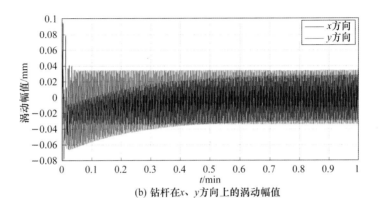

(b) 钻杆在 x、y 方向上的涡动幅值

图 3 - 8 进给量为 50 mm/min,转速为 1 500 r/min 时钻杆的涡动轨迹

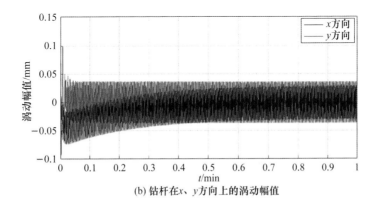

(b) 钻杆在 x、y 方向上的涡动幅值

图 3 - 9 进给量为 50 mm/min,转速为 1 800 r/min 时钻杆的涡动轨迹

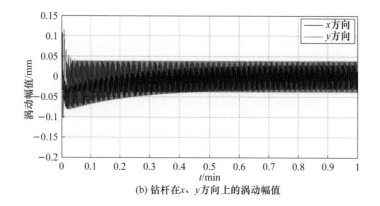

(b) 钻杆在 x、y 方向上的涡动幅值

图 3 - 10　进给量为 50 mm/min，转速为 2 100 r/min 时钻杆的涡动轨迹

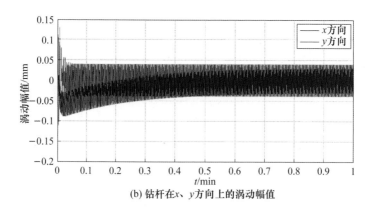

(b) 钻杆在 x、y 方向上的涡动幅值

图 3 - 11　进给量为 50 mm/min，转速为 2 400 r/min 时钻杆的涡动轨迹

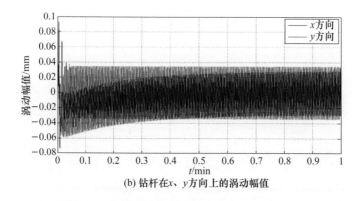

(b) 钻杆在 x、y 方向上的涡动幅值

图 3 - 12　转速为 1 200 r/min，进给量为 30 mm/min 时钻杆的涡动轨迹

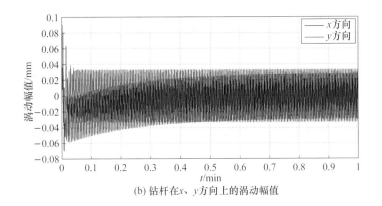

(b) 钻杆在x、y方向上的涡动幅值

图 3 - 13 转速为 1 200 r/min,进给量为 35 mm/min 时钻杆的涡动轨迹

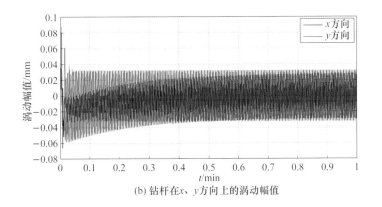

(b) 钻杆在x、y方向上的涡动幅值

图 3 - 14 转速为 1 200 r/min,进给量为 40 mm/min 时钻杆的涡动轨迹

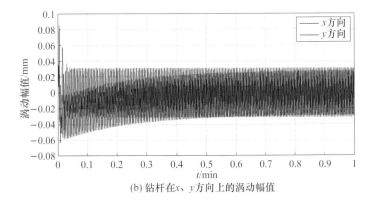

(b) 钻杆在x、y方向上的涡动幅值

图 3 - 15 转速为 1 200 r/min,进给量为 45 mm/min 时钻杆的涡动轨迹

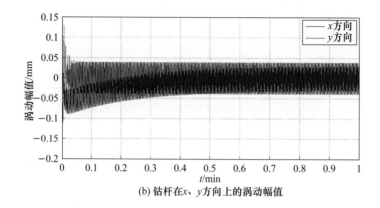

(b) 钻杆在x、y方向上的涡动幅值

图 3 – 16　转速为 1 200 r/min，进给量为 50 mm/min 时钻杆的涡动轨迹

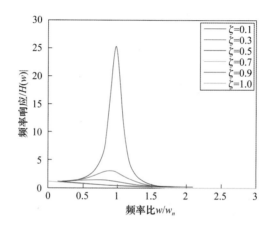

图 7 – 12　幅频响应曲线